현·대·유·전·학·의·창·시·자

멘 델

비체슬라프 오렐 지음 / 한국유전학회 옮김

전파과학사

멘델

Gregor Mendel

초판 발행 2008년 10월 10일
재판 발행 2016년 01월 05일

지은이 비체슬라프 오렐
옮긴이 한국유전학회
펴낸이 손영일
펴낸곳 전파과학사
주소 서울시 서대문구 증가로 18, 204호
등록 1956. 7. 23. 등록 제10-89호
전화 (02)333-8877(8855)
FAX (02)334-8092
홈페이지 www.s-wave.co.kr
E-mail chonpa2@hanmail.net
공식블로그 http://blog.naver.com/siencia

ISBN 978-89-7044-265-5 (93470)

번역에 즈음하여

멘델(Gregor Johann Mendel, 1822~1884)은 유전학의 창시자로 생물학사에 불후의 업적을 남긴 선구자이다. 그는 오스트리아의 브륀〔Brünn(현재 체코의 Brno)〕에 있는 아우구스티누스(Augustinus)회의 성 토마스 수도원에서, 1854년부터 9년간 완두를 재료로 잡종 교배 실험을 실시했다. 여기서 얻은 결과를 정리하여 1865년 2월 8일과 3월 8일, 2회에 걸쳐 브르노(Brno) 학회의 월례회에서 발표하고, 이를 다시 묶어 이듬해에 「식물 잡종 연구」라는 제목으로 논문을 출판했다. 이는 오늘날의 유전학을 있게 한 초석이 된다.

유전학은 유전 물질의 구조와 기능을 연구하여 생명 현상의 본질 규명에 공헌하는 생물학의 한 분과이다. 멘델에 의해 독립된 학문 영역으로 출발한 유전학은 20세기 전반에 걸쳐 유전자의 기능이 정립되고, 후반에 들어 유전 물질의 본체가 밝혀짐으로써 유전 현상의 분자론적 해석 규명에 큰 진전을 이루었다. 특히 최근 10여 년간 유전자 조작 기술을 기초로 한 기술 20세기의 혁명을 낳게 했다. 그렇게 유전학은 이제 단순한 생명과학의 한 분과 학문이라는 영역에서 벗어나, 인류 복지 증진에 기여할 자연과학의 대표적인 미래 학문으로 부상하게 된 것이다. 이와 같은 엄청난 유전학 발전의 근원은 바로 이 멘델의 독창적인 연구에 바탕을 두고 있다. 그는 명문대가 출신도, 화려한 학력과 경력의 소유자도 아닌 가난한 시골 출신의 수도사제로서 고학으로 생물학을 익힌 자연과학도였다. 따라서 멘델은 사물에 대한 고정 관념 없이 자연의 법칙을 직관하는 통찰력으로 유전 법칙을 발견할 수 있었다. 그의 탁월한 업적이 당시에는 학계에 받아들여지지 않고 사장되는 불운을 겪었으나, 그의 사후 16년이 지난 1900년에 이르러 비로소 재발견되었다.

그러므로 우리가 21세기 생명과학의 황금기를 내다보며, 오늘이 있게 한 멘델의 생애와 업적을 살펴보는 것은 대단히 뜻있는 일이다. 수도자의 길인 기초 학문 탐구에 뜻을 두기보다는, 안일한 태도와 모방이 학문의 길인 양 착각하는 일부 사람들에게는 이 한 권의 책이 큰 길잡이가 될 것으로 믿는다.

끝으로 이 책의 번역에 참여해 주신 백용균(한양대), 이희명(서강대), 정용재(이화여대), 이웅직(서울대), 김영진(충남대), 양서영(인하대), 이정주(서울대), 추종길(중앙대), 박은호(한양대), 김상구(서울대), 조철오(과학기술대), 김경진(서울대), 우제창(목포대) 교수님께 심심한 감사를 드린다. 특히 이 사업을 기획하고 추진해 온 출판 위원회 박은호 위원장과 조철오 간사에게 다시 한 번 감사를 드린다.

한국유전학회 회장
서울대학교 자연과학대학 분자생물학과 교수
박상대

번역자 명단(가나다순)

김경진 교수(서울대학교 자연과학대학 분자생물학과)
김상구 교수(서울대학교 자연과학대학 생물학과)
김영진 교수(충남대학교 자연과학대학 생물학과)
박은호 교수(한양대학교 자연과학대학 생물학과)
백용균 교수(한양대학교 의과대학 유전학교실)
양서영 교수(인하대학교 이과대학 생물학과)
우제창 교수(목포대학교 자연과학대학 생물학과)
이웅직 교수(서울대학교 사범대학 생물교육과)
이정주 교수(서울대학교 자연과학대학 생물학과)
이희명 교수(서강대학교 이과대학 생물학과)
정용재 교수(이화여자대학교 사범대학 과학교육학과)
조철오 교수(한국과학기술원 생명과학과)
추종길 교수(중앙대학교 문리과대학 생물학과)

편집진

출판 위원장 박은호 교수(한양대학교 자연과학대학 생물학과)
출판 간사 조철오 교수(한국과학기술원 생명과학과)

원저에 대하여

원저는 과학사학자인 오렐(Orel)이 저술한 것을 핀(Finn)이 영문으로 번역하여 옥스퍼드 대학교 출판사에서 1984년에 출판한 『Mendel』이다. 이 책은 멘델 서거 100주년 기념으로 출판되었으며 7장 110쪽으로 되어 있다.

책의 내용이 후진 교육에 가치가 있다고 판단되어 한국유전학회에서는 수차례의 심의를 거쳐서 이를 번역하기로 결정했다. 학회의 방침에 따라서 13명의 회원이 분담하여 번역한 후 내용의 통일성을 기하기 위하여 이를 출판 위원회에서 정리했다. 뒤표지는 박나리와 조영 어린이가 만들었고, 5장 마지막에 실린 멘델 서거 100주년 기념우표는 본인이 직접 수집한 것이다.

한국유전학회 출판 위원장
한양대학교 자연과학대학 생물학과 교수
박은호

차례 • 멘델

차례•멘델

머리말

과학사에는 몇몇 불후의 인물들이 있다. 이들은 우주와 인간 자신에 대한 우리의 이해를 급진적으로 변화시켜 주었고, 인간 사고를 혁신시켜 준 사람들이다. 코페르니쿠스(Copernicus), 뉴턴(Newton), 다윈(Darwin)과 같은 이름이 올라간 명예로운 이 명단에는 생명과학의 중심이 되는 유전학의 기초를 구축한 사람들의 이름도 들어 있다. 멘델의 식물 잡종에 관한 실험과 그 결과를 설명하기 위해 만들어 낸 이론은 유전뿐만 아니라 생물계의 거의 모든 현상에 대한 과학적 태도를 새로운 방향으로 발전시켰다. 그럼에도 불구하고 멘델의 업적이 극적으로 '재발견'되어 그의 이름이 세계의 과학 출판물에 오르게 된 것은 그가 사망한 지 16년 만의 일이었다.

멘델은 1865년에 10년에 걸친 식물 잡종에 관한 연구를 보고서로 처음 발표했다. 그는 2월과 3월에 있었던 브르노〔Brno: 공식적으로는 모라비아(Moravia)의 브륀(Brünn)으로 합스부르크(Habsburg) 제국에 속했던 지역. 지금의 체코 공화국〕 자연과학회에서 이 논문을 발표했다. 이 논문은 그다음 해 이 학회의 회보에 독일어로 실렸으며 세계 여러 나라의 133개 자연과학회에 보내졌다. 그러나 그 시대 사람들로부터의 반응은 매우 미미했다. 1900년에 들어가서야 비로소, 사실상 멘델과 같은 실험 결과를 기술한 3편의 논문이 불과 2개월 사이에 동시 출간되었다. 논문의 저자는 더프리스(de Vries), 코렌스(Correns) 그리고 체르마크(Tschermak)로 각각 암스테르담(Amsterdam), 튀빙겐(Tübingen) 그리고 빈(Wien)에서 독자적으로 연구한 사람들이었다. 이 세 사람은 모두 브르노의 잘 알려지지 않은 수도원의 사제에게 수십 년 전에 이미 추월당했다는 점을 솔직히 인정했다. 이러한 연유로 해서 1900년이 유전학의 기점으로 여겨지고 있다.

유전에 대한 의문은 예로부터 사람들의 관심을 끌어 왔다. 왜냐하면 인간들 사이에서나, 사육하는 동물, 재배하는 농작물에서, 같은 종의 개체에서 형태적으로 서로 다른 특성이 나타났을 때 어디서나 유전의 영향을 느낄 수 있었기 때문이다. 이러한 특성을 생물학자들은 '형질'이라 불렀는데, 형질은 눈이나 꽃의 색처럼 질적인 것일 수도, 사람의 키나 동물의 성장 속도, 옥수수 이삭의 알갱이 수와 같이 양적인 것일 수도 있다. 현존하는 생물들이 이러한 형질들을 그들의 양친 또는 더 먼 조상으로부터 물려받고 있다는 것은 예전부터 알고 있었다. 그러나 서로 다른 눈동자 색을 지닌 양친으로부터 어떻게 한 아이는 아버지의 형질을, 다른 아이는 어머니의 형질을 갖게 되는지에 대해서는 이해하지 못했다. 흔히 아이들의 형질은 양친의 형질이 서로 혼합되어 나타나는 것으로 생각했다.

생물의 형질이 환경, 특히 영양과 기후 조건에 의해 영향을 받는다는 것을 점차 알게 됨에 따라 유전 현상은 차츰 더 복잡한 것으로 생각되기 시작했다. 사람들은 처음 식물을 재배하고 가축을 사육할 수 있게 되면서, 좋은 형질을 갖는 생물이 좋은 형질과 더불어 좋지 않은 형질도 함께 다음 대로 물려준다는 사실을 알게 되었을 것이다. 사람들은 번식 목적으로 식물의 품종을 선발하기 시작했고, 또 점차 새롭고 더 유용한 식물과 동물의 품종을 만들어 냈다. 후세 사람들은 여러 가지 다른 형질들을 가지고 있는 동물들을 교배하여, 좋은 특성이 많이 나타나는 새로운 품종을 만들어 낼 수도 있게 되었다. 18세기 말엽에, 선구적인 동물 육종가들은 형질이 어떻게 유전되는가를 알아내고자 힘썼다. 그러나 어버이와 자손이 서로 닮아야 하는데도 서로 닮지 않는 경우도 존재한다는 사실을 설명할 수는 없었다.

식물에서 성 구조가 밝혀짐에 따라, 18세기의 자연과학자들은 식물의 인공 수정 실험을 시작하여 개개의 형질이 대대로 전해짐을 관찰했다. 19세기 초에는 유전을 지배하는 법칙을 찾아내고자 하는 시도가 있었으며, 다양한 이론이 대두되었다. 이들은 유전이 남성과 여성 가운데 한쪽 성에 의해서 전적으로 결정된다는 설과 자손의 유전적 성질이 양친에 의해서 결정된다고 주장하는 두 가지 설로 나눌 수 있었다.

다윈은 진화 연구에서 식물의 교배 실험 결과를 포함하여 동식물의 육종에 대한 방대한 양의 정보를 수집했으며, 또한 자신이 직접 실험도 했다. 그러나 그의 명저인 『종의 기원』(1859)에서 그는 '유전을 지배하는 법칙은 대체로 미지'라는 결론에 도달했다.

다윈의 『종의 기원』 초판이 나왔을 무렵 멘델은 이미 유전의 수수께끼에 관심을 갖고 있었다. 멘델에 앞서 식물 잡종에 관해 연구했던 사람들은 여러 가지 형질이 서로 다른 식물을 연구하고 있었다. 그들의 연구 방법은 식물을 전체적으로 고찰함으로써 양친의 형질이 잡종에서 융합되는 것을 찾아 보려는 경향이 있었기 때문에, 유전의 어떤 전달 양식도 찾아낼 수 없었다.

멘델은 실험용 식물로 완두콩을 사용하여 문제를 해결하는 새로운 연구 방법을 고안해 냈다. 그는 확실하고 쉽게 구분되는 대립 형질을 가진 두 개의 순종을 교배했다. 이와 같이 멘델은 유전 전달을 분석하는 문제를 가장 단순하고 가능한 말로 축소함으로써 모든 잡종들이 양친으로부터 같은 형질을 물려받는다는 것을 보여 줄 수 있었다. 다음으로 잡종을 다시 자가 수정시킴으로써 양친이 가지고 있는 한 쌍의 형질이 다음 세대에서 다시 나타남을 증명했다. 또한 수많은 관찰을 통해 양친의 형질이 다음 대에서 3:1이라는 일정한 비로 분리된다는 것을 제시했다. 즉, 잡종에서 보이지 않았던 양친의 형질들이 그다음 대에서 마치 잡종 자체의 형질들이 나타나는 것처럼 다시 나타난 것이다. 이로써 멘델은 형질의 전달이 생식 세포를 통해서 형질을 결정하는 인자들에 의해 지배되며, 결정 인자들은 우연의 통계 법칙에 따라 결합한다고 결론지었다. 이 결정 인자들은 섞여서 변질되는 것이 아니라 따로따로 함께 존재하는 것이다.

코페르니쿠스가 천동설이라는 고대의 관념을 부인한 것과 같이, 멘델은 예로부터 전해 내려오고 당시까지 지배적이었던 혼합 유전의 관념을 뒤집어엎고 새로운 개념을 도입했다. 이로써 그는 1906년 베이트슨(Bateson)에 의해 유전학으로 명명된 새로운 학문의 기초를 닦아 놓았다. 멘델의 법칙은 또한 입자설이라고 불리기도 하는데, 이것은 멘델이 유전의 결정 인자(1909년에 유전자라 불림)를 미세한 입자로 인식했기 때문이다.

1904년 베이트슨은 멘델의 실험 현장을 직접 보기 위해 브르노에 갔으나 출판된 논문 이외에 다른 정보를 얻을 수 없음을 알고 실망했다. 이때는 선구적 과학자인 멘델에 대한 전기가 처음으로 연구되기 시작한 때였지만 불행하게도 더 이상의 정보는 없었다. 베이트슨의 브르노 방문은 멘델에 관련된 기록 문서들을 발견하고 보존하게 된 계기를 마련하게 되었으며 1906년에는 아우구스티누스회 성 토마스 수도원에 작은 멘델 박물관이 세워지게 되었다. 그러나 1924년에 들어가서야 비로소 브르노의 자연사 교사인 일티스(Iltis)가 최초로 자세한 멘델 전기를 쓰기 위해 그 자료(일부는 직접 수집)를 이용했으며 1924년 독일어로 출판했다. 여기에 그는 당시의 연구에 대한 지방 자연과학자들의 열기에 대해서 간략히 기술했다. 그러나 나중에 나온 전기 문헌에서는, 멘델이 브르노의 작은 지방 읍내에서 혼자서 연구하던 중 우연히 그의 이론에 도달했고, 그의 업적이 뒤늦게 알려지게 된 것은 훌륭한 과학 중심지로부터 고립되어 있었기 때문이라고 알려지기도 했다.

멘델이 식물 재배와 잡종 실험에 과학적 흥미를 느끼게 된 동기는 무엇이었을까? 그는 어떻게 잡종 세대에서 형질의 일정한 분리비를 얻어 낼 수 있었을까? 19세기 후반기의 진화론에 대한 그의 견해는 어떠했는가? 그는 어떻게 수도원 정원에서 그렇게 정확한 실험을 할 수 있었을까? 연구에 대한 멘델의 열정과 그가 실험을 진행하여 이론을 세우게 된 당시의 상황을 이해하기 위해서는, 그가 살던 곳의 지리적 배경과 빈 대학 시절에 얻은 과학적 사상의 성장을 살펴봐야만 한다.

소년 시절에 멘델은 운이 좋게도 자연과학 연구에 대한 그의 흥미를 자극했던 몇몇 탁월한 사람들과 접촉할 수 있었다. 멘델은 브르노의 수도원이 과학과 문화에 대한 독창적인 연구의 중심부라는 것을 발견했고 그의 열정은 혁명적 물결이 일었던 1848년에 더욱 고조되었다. 이해에 합스부르크 제국 황제는 더 큰 자유에 대한 희망을 고취한 제헌 의회를 소집하지 않을 수 없었다. 이는 브르노의 아우구스티누스 교리 신봉자에게 과학과 교육 활동에 자유롭게 종사할 수 있다는 희망을 불어넣었다. 과학은 점차 영향력을 갖게 된 중산층에게 도움이 되었기 때문에 그 당시 사회에서 장려되었다. 이것이 멘델이 처음에는 사사로이 수도원에서, 후에는 빈 대학에서 자연과학 연구를 시작하게 되었던 배경이다.

멘델은 연구를 통해 수도원의 사명과 완전히 일치된 큰 뜻을 실현했다. 그의 시각으로 수도원의 사명은 모든 면에서 항상 과학의 발전에 상응하는 것이었다. 후에 멘델은 수도원장이 되었으며, 이 새로운 직위와 정치적 배경의 변화 때문에 과학 연구에만 몰두할 수 없게 되었다. 그는 자신의 업적이 제대로 평가되는 것을 보지 못하고 죽었다. 그러나 1900년 이후 그의 유전 법칙은 과학적 지식의 주류가 되었고, 문명 세계에 그의 이름이 널리 알려지게 되었다.

1
멘델 시대 사회의 문화적 배경

1806년, 안드레(André, 1763~1831)는 브르노에 재설립한 농학회에서 경제 및 사회 발전을 위한 패기에 찬 계획을 발표했다. 그는 참다운 경제적, 사회적 발전을 이루기 위해서는 필수적으로 '가장 고귀한 과학의 힘'을 빌려야 한다고 호소했다. 그는 또한 수학, 물리학, 화학 및 통계학의 발전이 다른 과학과 더불어 농공업 기술의 급속한 향상을 도모할 것이며 더 나아가 새로운 기술을 발달시켜야 미래의 번영이 보장될 것이라고 강조했다. 그는 코페르니쿠스 및 뉴턴의 위대한 발견을 예로 들고, 프랭클린(Franklin, 1706~1790)과 모라비아의 신부인 디비스(Divis, 1696~1755)의 피뢰침 발명도 상기시켰다.

안드레는 이와 같은 예를 들어 회원들로 하여금 자연과학의 이론적 연구를 촉구했다. 안드레는 이러한 기초 연구가 비록 오랫동안 빛을 보지 못할지라도, 언젠가는 이 연구로 인해 발전이 이루어져 인류로부터 동경과 감사를 받을 수 있다는 점도 지적했다. 안드레는 덧붙여 말하기를 기초 연구 중 일부는 "심지어 지금도 그 성공적 결과가 우리도 모르게 사장되어 있거나, 또는 미래에 연구될 성과에 필요한 기초가 되고 있는 것이다"라고 했다. 그의 말은 거의 예언적이었다. 멘델의 업적은 안드레에 의해 이루어진 자연과학 분야에 대한 큰 관심 덕분에 싹틀 수 있었다.

안드레가 1798년에 브르노에 오게 된 것은 과학의 제도적 진흥책에 대한 관심 때문이었다. 그를 작센(Saxen)에서 브르노로 유혹한 것은 모라비아의 높은 경제 발전과 그 지역 사설 과학 단체들의 활발한 활동이었다. 안드레의 첫 접촉은 잘름(Salm, 1776~1836) 백작을 통해 이루어졌다. 잘름은 1801년에 과학과 공업의 발전 상태를 시찰하려는 자연과학자들과 함께 영국을 방문했다. 그 일행은 영국학술원(The Royal Society) 원장인 뱅크스(Banks)의 영접을 받게 되었다. 뱅크스는 농업과학의 후견자였으며 동식물 육종의 개척을 권장하는 사람으로 알려져 있었다.

잘름은 안드레가 폭넓은 교육을 받은 박물학자이며 조직력이 풍부한 재능 있는 사람이라는 것을 알게 되었다. 이들은 함께 국민의 농업 및 자연과학 지식을 향상시키기 위해 학회(Royal and Imperial Moravian and Silesion Society: 이후에는 농학회라 부름)를 창설했다. 멘델은 후일 이 학회에서 중요한 직책을 맡게 된다.

안드레는 잘름 백작의 경제 고문직과 농학회의 간사직을 맡아서 과학 발전과 응용에 큰 영향력을 미치게 되었다. 모라비아 지역의 공업 및 농업 개발의 초기 추진에는 안드레가 큰 공헌을 했다. 당시 브르노 지역은 공업, 특히 방직 공업의 중심지로서 양모 생산의 양적, 질적 향상이 필요했다. 안드레는 그 실례를 해외에서 찾아보기로 하고 런던의 영국학술원 및 파리의 프랑스학술원의 활동에 깊은 관심을 기울였다. 그는 재편성될 농학회는 학술원과 학회의 기능을 겸한 것이 되어야 한다고 생각했다.

후원자인 잘름은 안드레의 재능을 양모 생산 기술 개발에 집중하게 했다. 안드레는 얼마 후에 모라비아 육종가들이 영국의 새로운 육용 동물 품종 개척자인 베이크웰(Bakewell, 1725~1795)의 방법을 사용하고 있다는 사실을 알게 되었다. 안드레는 이에 관한 전반적 문제에 관심을 갖고 과학적인 면양 육종법의 발전을 가져올 수 있는 제도적 기반을 마련하기 위해, 1814년 농학회 산하에 면양 육종가 협회를 결성했다. 또한 인위 선택에 대한 그의 견해를 발표하여 선택에는 과학적 법칙을 적용해야 하며, 따라서 이를 뒷받침하는 이론적 원리가 밝혀져야 한다고 거듭 강조했다.

1800년 이래 가장 성공적인 모라비아의 면양 육종가는 가이슬런(Geisslern, 1792~1824)이었는데, 나중에 그는 모라비아의 베이크웰이라고 알려지게 되었다. 그에 관해 가장 처음 기술한 사람은 바로 안드레였다. 그는 후에 자신의 아들 루돌프(Rudolf, 1792~1825)를 가이슬런에게 보내 그의 인위 선택 방법을 배우게 했는데, 이때가 1810년이었다. 루돌프는 면양의 과학적 도태에 관한 첫 번째 저서를 출판했는데 이 책은 그 후 다년간 육종가의 지침서가 되었다. 인위 선택과 유전에 대한 새롭고 과학적인 접근법은 많은 경제적 혜택을 가져왔다.

1810년에 한 영국인 방문객이 브르노에 와서 보고 놀란 것은, 한 마리의 '씨내리' 수컷 면양이 500길더, 때로는 3,000길더에 팔리고 있었다는 것이다. 당시 보통 수컷 면양 한 마리는 불과 5길더만 주면 끌고 갈 수 있었다. 이러한 현상은 과학적 육종에 대한 큰 관심에 근거를 둔 경제상의 한 면모를 보여 준 것이었다.

후에 안드레는 영국의 나이트(Knight, 1759~1838)가 개발한 인공적인 과수 육종 방법에 관한 소식을 듣고, 1816년에 모라비아에 이 방법의 도입을 추천했다. 같은 해, 그는 농학회 산하에 과실 재배 협회를 설립했고, 첫 사업으로 외국에서 수입된 여러 종류의 과수 및 포도나무 품종을 보존, 번식시키는 종묘원을 설립했다. 나이트가 보여 준 방식에 따라 협회원들은 새로운 과수와 포도나무 품종을 만들기 위해 인공 수분법을 사용했다.

새로 선출된 나프 수도원장의 제안에 따라 종묘원이 브르노의 성 토마스 수도원에 새로 건립되었다. 1825년에 취임한 나프 수도원장의 과수 및 포도나무 재배에 대한 열의는 대단해서 그는 마침내 개량 품종의 재배 방법에 관한 지침서를 엮어 냈다. 이 종묘원은 수도원 관리자인 켈러 신부의 열의로 발전해서, 1830년대에는 헝가리의 경험이 많은 포도 재배가

들도 이 종묘원을 포도나무 육종 연구소라고 말할 정도에 이르렀다. 1843년에 멘델이 이 성 토마스 수도원에 들어왔을 때, 그는 당시 수련생 담당자였던 켈러 신부와 자주 접촉하게 되었다.

면양, 과수 및 포도나무 육종에 성공하자 안드레는 1820년 새로운 다수확 곡물 품종을 만들기 위해 식물의 인공 수분법 개발 가능성을 알아보고자 했다. 같은 해에 헴펠(Hempel)은 안드레의 학술 잡지에 기고한 논문에서 언젠가는 곡물 및 기타 식물의 육종에 인공 수분법을 이용할 것이라고 주장했다. 덧붙여 그는 이를 위해서 우선 식물의 잡종 형성에 대한 법칙을 알아낼 필요가 있다고 했다. 이렇게 해서 헴펠은 안드레의 발상에 따라 식물 육종의 중요한 문제점을 파악하게 되었던 것이다. 헴펠은 이 문제점을 어떻게 풀어야 할지 전혀 몰랐지만, 새로운 발상을 가진 과학자가 나타나서 이를 해결할 것이라고 믿었을 뿐만 아니라 이러한 사람은 식물에 대한 깊은 조예, 예리한 관찰력 그리고 무한한 인내력을 지닌 인물일 것이라고 말했다. 그 사람이 바로 멘델이었으며, 멘델은 이 예언이 있고 불과 2년 뒤에 태어났던 것이다.

농업의 현대화 운동은 농업학교를 설립하게 했고, 1811년에는 모라비아의 올로모우츠(Olomouc) 대학 교과 과정에 자연사 및 농학을 포함하게 했다. 1823년에 네스틀러(Nestler, 1783~1841)가 농학 교수직을 맡게 되었는데, 그는 전에 안드레와 같이 학술 잡지를 편집한 적이 있었고 면양 육종에도 관심을 가졌다. 또한 1829년에는 농학회지에 가축 및 곡물 육종에 관한 강연문을 발표했다. 이 논문들은 경제적 의미 때문에 많은 관심을 끌었으며 육종가들 사이에 인위 선택과 유전 문제에 관한 논쟁을 불러일으켰다.

1836년 네스틀러 교수는 브르노에서 개최된 면양 육종가 협회의 연례회에 초청을 받아 양모 생산 개발의 전망을 요약해 달라는 요청을 받았다. 그는 육종 문제 중 가장 시급히 해결해야 할 것이 유전적인 문제임을 확신한다고 말했다. 즉, 자연과학자들에게 수수께끼로 남아 있는 현상에 대한 이론적 설명이 따라야 한다는 뜻이었다. 인위 선택에 대한 논쟁은 계속되었다.

과학적 지식을 어느 정도 지닌 외국인 참석자 중 일부는, 생물체와 비생물체는 모두 동일한 법칙에 의해 지배를 받는다는 기계론적 견해에 집착하는 경향을 나타냈다. 나프는 육종가들의 실질주의적 편견을 초월한 입장에서, 육종가들이 직접 유전되지 않는 면양의 형질을 증거로 들고 있다고 지적했다. 따라서 결정적인 질문은 어떠한 것이 유전되며 어떠한 것이 유전되지 않는가 하는 것이었다. 나프에 의하면 그 답은 생리학 연구에 달려 있다는 것이다. 그는 후에 과수의 인공 수분에 관한 토론 과정에서 또 한 가지 궁금한 것은 확률의 역할이라고 했다. 이러한 것들은 중요한 문제로서, 나중에 멘델의 연구에 포함되었다.

이때 나프는 작물학회의 유능한 회장으로 알려졌고 농학회

운영 위원회에서도 크게 활약했다. 얼마 후 나프는 과학에 대한 열성을 수도자 중 과학에 재능 있는 사람들을 훈련하는 데 쏟게 되었다. 그는 1825년에 브르노의 철학 연구소에서 자연사 및 농학을 계속 가르치도록 제도화하는 데 기여했다. 이 연구소는 주교관에서 관장하고 있었는데 첫 담당 교수가 사망하게 되자, 주교는 그 과목을 올로모우츠 대학이 맡으면 공석인 교수직을 메울 필요가 없다는 입장을 취하게 되었다. 나프는 이에 반대하는 입장을 고수하여 그 교수직에 디블(Diebl, 1770~1859)을 임명하게 했다.

디블은 그전에 이미 인공 수분에 의한 식물 육종의 원리에 대한 견해를 담은 교과서 및 논문을 출판하여 식물 잡종 형성의 지식을 발휘한 바 있다. 1838년에 디블과 나프는 까치밥나무의 신품종 개발에 대한 과수재배협회상을 제정했다. 제1회 및 제2회 수상자는 원예학자인 프라이(Frey) 및 트브르디(Tvrdy)였다. 이들은 1839년에 발표한 짧은 보고서에 인공 수분 방법을 기술했는데, 후에 멘델의 실험 중에는 이 방법을 사용한 것도 있었다. 멘델은 1846년에 나프의 허락을 받아 디블의 농학 및 과실재배학 강의를 수강하여 3회의 시험에 통과했다.

과학에 대한 관심은 혁명이 일어난 해인 1848년에 지방 도시에 새로운 추진력을 불어넣었다. 이해에 합스부르크 왕조의 오랜 봉건 시대가 종말을 고했다. 소집된 헌법 의회는 1849년 초에 해산되고 독재 정부가 집권하게 되었다. 그러나 지방 의회가 형성되고 여기서 나프 수도원장은 중요한 직위를 차지했으며(1849~1850년에 또 한 번의 제도 개편이 이루어진) 농학회의 회장 서리로도 선출되었다. 그가 이끈 학회에는 자연과학 분과, 과수 재배 분과, 원예 분과 및 양봉 분과 등 여러 전문 분과가 설립되었으며 이들 모두는 훗날 멘델의 연구 활동에 큰 영향을 주었다.

자연과학 분과는 1849년에 27명의 회원으로 시작되었다. 1860년에는 그 인원이 148명에 달했는데 이들 대부분은 교사, 의사 및 약사들이었고 나머지는 아마추어였다. 이 분과의 규칙에 의하면 회원들은 모라비아 및 슐레지엔(Schlesien)의 식물, 동물 및 광물에 관한 연구를 하고 실용적 응용을 반드시 하게끔 되어 있다. 또한 초창기부터 회원들은 기상학을 연구했으며 얼마 후에 이 분야는 멘델의 도움으로 빛을 보게 되었다. 자연과학 분과 위원장은 진보적이며 과학의 진정한 벗인 미트로프스키(Mittrowsky) 백작이었다.

1854년부터 이 분과에서 주도적 역할을 한 사람은 차바드스키(Zawadski)였다. 이 사람은 렘베르크(Lemberg) 대학[현 리보프(Lvov) 대학]의 전직 수학 및 물리학 교수였는데 그의 식물학, 동물학, 곤충학 및 기상학에 관한 논문들은 잘 알려져 있었다. 그는 대학에서 철학과 과장으로 재직할 때 일어난 학생 소요에 대한 책임을 지고 사임하게 되었고, 이에 새로 설립된 실업 중·고등학교에서 물리학 및 자연사 교사직을 맡게 되었다. 학교장은 아우스피츠(Auspitz, 1812~1888)였는데 그는 1848년까지 빈 기술대학의 수학 및 회계학 강사였다. 그러나 그 역사적인 해에 혁명군에서 지도적 역할을 했다는 이유로 빈에서 추방되었다.

1854년에 차바드스키는 「자연과학 연구에 대한 오늘의 수요」라는 논문을 실업 중·고등학교 연감에 발표했다. 그는 정밀한 연구를 강조했고, 자연 현상을 지배하는 법칙을 추구하는 것이 중요하다는 것을 역설했다. 차바드스키는 '세계의 암흑기를 밝게 한' 과학자들의 예를 들어서 제자들로 하여금 자연과학을 소홀히 하지 말라고 권고했다. 그는 수학 및 화학과 더불어 자연사야말로 실질 교육에 기반이 된다고 말하고, 린네(Linné)를 따라서 자연사를 '호감을 주는 과학'이라 불렀다. 이와 같은 실질 교육의 이념은 학생들 사이에 긍정적 반응을 불러일으켰으며, 자연과학 분과 위원들이 순수 과학을 추구하는 데 격려가 되었다. 이 분과 위원회 회원인 멘델은 차바드스키와 같은 해에 실업 중·고등학교에 물리학 및 자연사 교사로 부임했다.

브르노에서 자연과학의 이정표가 1859년에 세워졌는데 이해는 바흐(Bach)의 전제주의 정부가 빈에서 붕괴된 해였다. 유리한 정치 풍토가 지속되면서 자연과학자들은 이전의 봉건주의 대리자가 지배하던 농학회 중앙 위원회에 그들의 분과 위원회가 예속된 것에 대한 반기를 들었다.

그 후 2년간의 협상 끝에 1861년 12월 독립된 자연과학회가 창설되었고, 미트로프스키 백작이 학회장, 차바드스키 교수는 부회장이 되었다. 멘델은 열성적인 창립 회원이었다. 1862년에 회원 수는 171명이었다. 이 학회는 또한 22명의 명예 회원을 추대했는데, 이들 대부분은 저명한 자연과학자들이었으며 브라운(Braun), 웅거(Unger), 뵐러(Wohler), 분젠(Bunsen) 그리고 푸르키네(Purkyne) 등이 포함되어 있었다.

실업 중·고등학교에서 개최된 자연과학회 창립총회의 개회 연설은 아우스피츠가 했다. 그는 여러 가지 난관에도 불구하고 학회를 성공적으로 설립한 데 대한 기쁨을 표시하며, 이 학회의 설립은 순수과학 발전에 대한 깊은 관심의 결과로 이루어진 것이라고 선언했다. 1862년에 개최한 제2회 학회에서 식물의 잡종 형성에 관한 문제가 제기되었는데, 회원들은 그 후 더욱 자주 이 문제를 다루었다. 식물 육종과 유전 문제는 물론 이보다 오래전에 식물 육종가들의 토론 대상에 올랐으나, 새 학회의 테두리 안에서 처음으로 이 문제가 이론적 견지에서 다루어지기 시작했다.

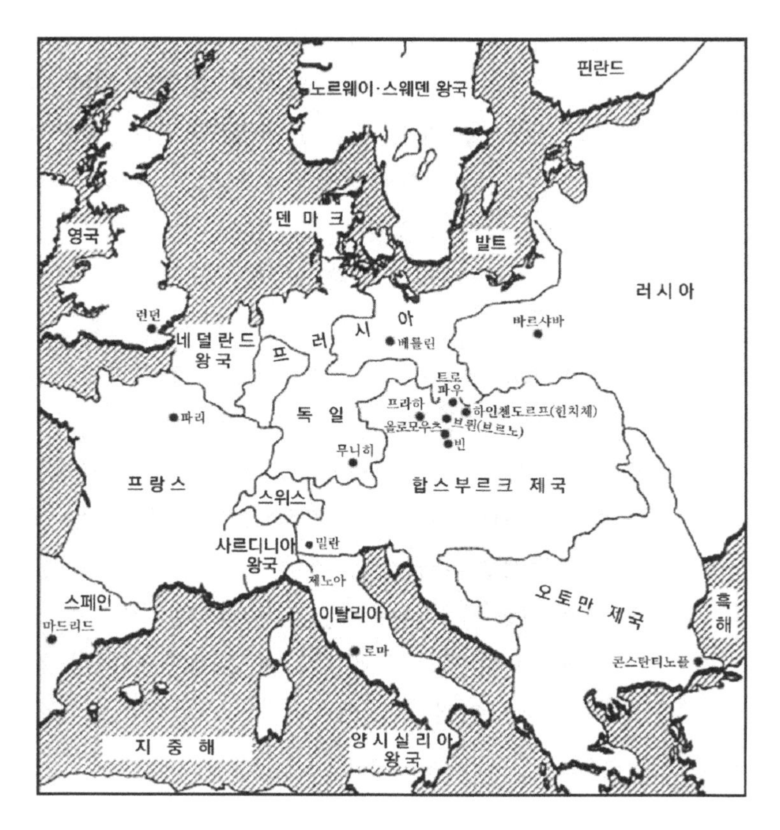

그레고어 요한 멘델은 합스부르크 영토 안의 하인첸도르프(현재는 체코 공화국의 힌치체)에서 태어났다. 1800년대에는 커다란 몇 개의 제국이 유럽을 지배하고 있었다

2
수도원에서 빈으로

멘델은 17~18세기의 계몽 운동과 프랑스 혁명의 영향을 받은 모라비아인들 사이에서 성장했다. 그들은 철학과 진보적 과학의 융합만이 이상적인 사회의 발전을 가져올 수 있다고 믿었다. 이러한 경향은 멘델의 고향인 모라비아 북쪽의 작은 마을 힌치체〔Hyncice, 독일어로는 하인첸도르프(Heinzendorf)〕의 학교에서도 느껴졌다. 아버지 안톤 멘델(Anton Mendel, 1789~1857)은 아직도 부역(賦役)이라는 오래된 봉건 제도에 얽매여 영주를 위해 일주일에 사흘은 일을 해야 하는 농부였다. 그러나 그는 나폴레옹 전쟁 동안 8년간의 군 복무를 통해 합스부르크 제국 내 다른 지방의 영농법과 생활 방식을 익히게 되었다. 그는 확실히 근면하고 진취적인 사람이었다. 전쟁에서 돌아오자마자 그는 힌치체에 새로 돌집을 지었는데 이것은 당시 그곳에서는 그리 예사로운 일이 아니었다.

그의 아내 로지네〔Rosine, 결혼 전의 성은 슈비르틀리히(Schwirtlich), 1794~1862〕는 이웃 마을의 정원사 집안 출신이었으며, 숙부인 안톤 슈비르틀리히(Anton Schwirtlich)는 독학하여 18세기 말엽에 힌치체의 작은 마을 학교에서 선생을 한 적이 있었다.

1822년 7월 22일 로지네 부인은 외아들인 요한[Johann: 세례명. 그레고어(Gregor)라는 이름은 1843년 견습 수도사로 들어가면서 쓰게 되었다]을 낳았다. 로지네 부인은 그 전에 이미 딸 셋을 두었는데, 그중 위로 두 딸은 죽었고 셋째 딸 베로니카(Veronika)는 1820년에, 그리고 요한 아래 넷째 딸 테레지아(Theresia)는 1829년에 태어났다.

이방인 지역에 해당하는 힌치체 마을 사람들은 대부분 자신들을 독일인으로 생각하고 있었으며[요한의 조상들 중 일부는 베셀리(Veseli) 체코 마을 근방으로부터 왔으며 그의 조상의 4분의 1은 체코인이라고 추정되고 있기는 하지만] 멘델도 자기 자신을 독일인으로 자처했고 또한 독일어로 저술했다. 그러나 브르노에 있는 동안 멘델은 체코어로 읽고 말하기도 했으며, 다소 서툴기는 했지만 쓸 수도 있었다. 또한 그의 친구 중에는 출중한 체코인도 많았다.

멘델은 박물학의 기본 원리를 충분히 배웠다. 개화된 귀족 부인인 트루히제스-차일(Truchsess-Zeil) 백작 부인의 영지에 있는 학교의 교장은 촌락 생활과 농사일을 개선하려는 취지에서 강의를 했다. 그 교구의 사제인 슈라이버(Schreiber, 1769~1850) 신부는 이미 이러한 목적을 가지고 그 근처 쿠닌(Kunin)의 한 학교에서 선구적으로 박물학을 가르쳤고 또한 책을 출판하기도 했다. 이 학교는 안드레가 일찍이 가르친 바

멘델의 누나 베로니카(왼쪽)와 동생 테레지아
가운데는 테레지아의 남편 레오폴트 쉰들러

있는 독일 작센 지방의 한 학교의 모델이 되었는데 프랑스 혁명 후에 이교도적인 루터교 이념을 도입했다고 예수회 교단의 비난을 받았다. 그 후 여러 차례의 논란 끝에 결국 이 학교는 문을 닫게 되었다. 그러는 동안에 슈라이버 신부는 추문으로 비난을 받았고, 1802년에는 교사로서의 직위까지 박탈당하고 말았다. 그 후 그는 멘델의 출생지인 작은 마을을 포함한 교구의 사제가 되어 그곳 마을 학교의 교사로 일하게 되었다.

쿠닌에 있는 동안 슈라이버 신부는 새로운 과수 변종의 재배를 권장했으며, 백작 부인에게 프랑스로부터 접목감을 들여오게 하여 마을 전체에 보급했다. 이제는 교구사제가 된 슈라이버 신부는 사제관 정원에 과수 양묘장을 마련하여 교구민에게 그 재배법과 변종 간의 접목 기술도 가르쳤다. 그로부터 접목감을 얻은 사람들 중에는 멘델의 부친도 있었다. 슈라이버 신부는 영적 전도와 더불어 자기 교구민에 대한 박물학 교육 및 개화 정신을 함께 심어 준 셈이다. 그렇게 그의 노력이 결실을 맺게 되었을 때 브르노 농학회는 그를 단순한 명예 회원이 아닌 종신 회원으로 임명했다.

멘델가의 재능 있는 아이가 어떻게 성장하는지 보기 위하여 20㎞ 떨어진 리프니크(Lipnik)에 있는 피아리스트(Piarist) 학교에 멘델을 보내도록 권유한 것도 슈라이버 신부였다. 이 학교는 뛰어난 교수법으로 명성이 자자한 곳이었다. 그곳에서 멘델은 재능을 인정받아 50㎞나 떨어져 있는 오파바(Opava)

의 인문 고등학교(Gymnasium)[1]에 입학하게 되었다. 그곳 교사들은 모두 열성적인 박물학자들로, 새로 건립된 그곳 박물관에 여러 가지 동식물 표본을 제공했을 뿐만 아니라 매우 유익한 기상학적 관측도 많이 했다.

요한의 양친은 그가 멀리 떨어져서 공부하는 데 충분한 뒷받침을 할 수 없었기 때문에, 그는 학비의 일부를 직접 부담해야 했다. 농사도 계속 흉작인 데다가, 설상가상으로 1838년 아버지가 영주의 숲에서 일하다가 큰 부상을 당해 농사를 못 짓게 되자 젊은 요한의 처지는 매우 딱해졌다. 나중에 발간된 그의 이수록[2]에는 이 시기가 다음과 같이 기록되어 있다.

"학교에 들어가고 4년간은 계속되는 불운 때문에 그의 양친은 그가 공부를 계속하기에 충분한 학비를 도저히 충당할 수 없었다. 따라서 그는 불과 16세밖에 되지 않은 나이에 전적으로 자신의 일을 스스로 해결해야 하는 불우한 처지에 놓이게 되었다."

오파바에서 학교를 마치자 멘델은 공부를 계속하고자 하는 강한 의지를 보였으며, 그의 주된 관심사는 공부를 계속하기 위한 방안을 모색하는 일이었다. 1840년 가을 그는 올로모우츠 대학 부설 철학 연구소의 2년제 과정에 입학하게 되었는데, 이 과정은 정규 대학에서 공부하기 위한 필수적인 전제 조건이었다.

1) 독일의 중등 교육 기관으로 9년간의 대학 예비 교육을 담당함
2) Curriculum Vitae: 자필 이력서가 아니고 다른 사람이 쓴 이력

올로모우츠에서는 오파바에서보다 더 심한 어려움을 겪었으며 가정교사가 될 기회조차 얻기 힘들었다. 나중에 그는 다음과 같이 썼다. “이처럼 좌절감에서 생긴 고통과 막연한 장래에 대한 근심 걱정과 따분한 심정이 몹시 나를 괴롭혀, 결국에는 병을 얻어 1년 동안 부모 곁에 가서 회복될 때까지 지낼 수밖에 없었다.” 그러다가 모친이 그의 누이동생의 결혼 지참금 일부를 할애하여 멘델이 공부를 계속할 수 있도록 재정적 뒷받침을 해 주어, 그는 첫해를 마치고 결국에는 전 과정을 수료할 수 있게 되었다. 멘델은 그 고마움을 평생토록 잊을 수 없었다.

철학 연구소의 교육 내용은 주로 신학, 철학, 수학 및 물리학이었고 부수적 과목이 농업 과학이었다. 대학 출신 교수들이 이 연구소에서 강의했는데 그중에서도 푹스(Fux) 교수는 기본적 원리를 논술한 수학 교과서의 저자로서, 그의 원리는 나중에 멘델이 자신의 실험 결과를 설명하는 데 매우 중요한 역할을 했다.

멘델은 교육 과정이 끝날 무렵 자기 능력의 한계를 느꼈고 이러한 노력을 계속해 나가기가 더 이상은 힘들다고 생각했다. 그러나 이때 프란츠(Franz) 교수가 그에게 구원의 손길을 내밀어 주었다. 프란츠 교수는 물리학을 강의했고, 일찍이 브르노의 성 토마스 수도원에서 생활한 바도 있었다. 그는 수도원장인 나프와 연락이 닿아 그에게 멘델을 추천하여 브르노 수도원에 들어갈 수 있도록 해 주었고, 박물학 공부도 계속할 수 있게 해 주었다. 프란츠 교수는 나프 원장에게 보낸 편지에서 이 젊은이(멘델)가 탁월한 물리학도라고 격찬하면서 그의 학문적 성취는 의심할 나위가 없다고 말하고 있다.

멘델은 21세 때 인생행로를 결정해야 했고 이 인생의 갈림길에서 훗날 그가 서술한 바와 같이, 쓰라린 생존 경쟁에서 자기 자신을 해방시킬 중대한 시점에 도달했다고 느꼈다. 프란츠 교수의 권유에 의하여 1843년 9월 그는 드디어 브르노 수도원의 견습 수도사로 들어가게 되었다.

멘델이 수도원에 들어간 동기에 대해 자세하게 설명하고 있는 문서는 아무것도 없다. 우리가 아는 유일한 것은 1838년 부친이 부상을 당해 이제 더 이상 농사일을 못 하게 되었을 때, 전통적으로 가업을 이어받아야 할 유일한 아들인 멘델이 집에 돌아와 농사짓는 것을 거부했다는 사실이다. 그래서 할 수 없이 멘델의 누나인 베로니카의 남편 슈투름(Sturm)이 대신 그 일을 이어받게 되었다. 멘델이 사제직을 맡게 되었을 때 첫 미사에 쓸 약간의 돈이 필요했는데 이 돈도 멘델가의 일을 하게 된 슈투름이 지불해야 했다.

슈라이버 신부의 영향을 받은 젊은 멘델이 유식한 마을 사제의 지위를 얼마나 매력적으로 생각했을까 하는 것은 누구나 쉽게 짐작할 수 있을 것이다. 멘델은 그 교구민의 이익을 위하여 자기 자신의 자연과학 연구에 심혈을 기울일 수 있었다. 브르노의 성 토마스 수도원에 들어가는 것이 멘델로서는 자신의 지적 야망을 성취할 수 있는 유일한 기회였다. 멘델은 곧 더 깊은 학문 연구에 결정적으로 도움이 되는 문화적 환경으로 이동했다는 것을 알게 되었다. 1850년 그가 이수록에서 말한 바와 같이 이런 변화는 그의 활동에도 급격한 변화를 안겨 주었다. 우선 견습 수도사로서 자기에게 주어진 일을 수행함과 동시에 틈나는 대로 개인적인 자연과학 연구를 하게 된 것이다.

멘델이 자신의 중요한 실험적 연구를 시작하게 되었을 때, 수도원장 나프는 브르노의 주교인 샤프고체(Schaffgotsche)의 신랄한 비판에 직면하여 수도원의 과학적 활동을 정당화해야만 했다. 그 당시 진행 중에 있던 가톨릭 정신 복고 운동의 일환으로서 교회 당국은 수도원 생활을 더욱 엄격히 하자는 운동을 펴고 있었으며, 그런 이유로 샤프고체는 교구의 수도원들을 감독하고 있었다. 나프 수도원장은 자신의 수도원을 로마 최고 권위자의 직접적인 감독하에 두어 특별한 혜택을 받도록 해 줄 것과 1802년의 칙령에 의하여 새로 세운 브르노 철학 연구소에서 성경 공부, 철학 및 수학을 가르치는 일을 수도원에 위임해 줄 것을 요청하는 탄원서를 내게 되었다.

이틀간의 감사 끝에 샤프고체 주교는 나프가 수도원 밖의 공적 활동에 너무 치중한 나머지 수도원장으로서의 책무는 저버리고 있다고 결론을 내리고, 이 수도원은 과학적 활동에만 열성적이기 때문에 내부의 영적 생활은 완전히 소멸되다시피 했다고 단정했다. 그는 수도사에게 중세의 수도사법을 준수하도록 요구했다. 그러나 수도원장이나 수도사들은 이를 단호히 거절했다. 샤프고체 주교는 또한 수도사의 의식 구조를 근본적으로 바꾸라고 요구했다. 심지어 수도원장이 외부에서 공적 활동을 하려면 연금을 받고 퇴직해야 마땅하며, 수도원을 로마 교황의 특령에 의해 폐쇄하든지 아니면 더욱 착실한 수도원장을 브르노에 파견해야 한다고 주장했다. 그다음에 수도사 개개인의 장래는 각자가 알아서 결정하라고 강요했다.

나프 원장은 이러한 주교의 명령에 대하여 단호한 반대 입장을 취했으며, 비망록에 그 교구의 특전을 강조하면서 수도사들의 탁월한 교육적 공헌에 대해 서술했다. 멘델에 대해서 나프 원장은, 그는 자연과학과 물리학 연구에 공헌한 바가 크며 중학교(Realschule)[3]의 자연과학 대리 교사 역할을 잘 해낸다고 말하고 있다. 그렇게 해서 멘델은 빈의 물리학 연구소에서 수도원이 지급하는 돈으로 장차 정식 교사가 되기 위한 예비 교육을 받게 되었다.

멘델의 동료 수도사 중에는 철학자, 수학자, 광물학자 및 식물학자들도 있었는데 그중의 한 사람이 탈러(Thaler, 1796~1843) 신부로서, 브르노에서는 수학 교사를 했으며 식물학의 선구자로 인정받고 있었다. 1830년 그는 식당 유리창 밑에 실험 포장(밭)을 마련하여 그곳에다 매우 희귀한 식물을 재배했다. 멘델이 수도원에 들어간 해인 1843년 탈러가 사망하고, 그 대신 실험 포장은 클라첼(Klácel, 1808~1892) 신부가 맡게 되었다. 그는 식물학자이면서도 광물학과 천문학에도

3) 과학과 현대어를 중심으로 가르치는 독일의 중학교

흥미를 갖고 있었으며 이미 자연과학의 전문가로 알려져 있었다. 또한 그는 프라하(Praha: 체코의 수도) 자연과학회의 회원이 되었고 후에 브르노 농학회의 회원이 되기도 했다. 클라첼은 또 다른 분야에도 관심을 가지고 있었는데, 그와 그의 동료 수도사 브라트라네크(Bratranek)는 모두 철학자로서 그 분야뿐만 아니라 다른 분야에서도 인정을 받고 있었다.

멘델이 수도원에 들어간 이듬해인 1844년, 나프 원장의 열렬한 변호에도 불구하고 범신론적 주장을 퍼뜨렸다는 이유에서 그는 그만 철학 교사직을 박탈당하고 말았다. 혁명이 일어난 1848년 나프 원장은 새로운 희망을 갖게 되었는데, 그의 주장으로 그 수도원에서 멘델을 포함한 6명이 최근에 선출된 제국 의회에 「인간성의 이름으로」라는 제목의 탄원서를 보내 인권을 수도원에까지 적용시키라고 청원한 것이다. 그들은 정치적 요구를 과학과 교육에 헌신할 수 있는 권리 쟁취의 목적과 결부시켰던 것이다. 그 당시 클라첼은 40세로서 서명자 중에 가장 연장자였다. 그는 프라하 대학의 철학 교수직을 기대했으나 계속적인 정치적 탄압으로 더 이상 가르칠 희망조차 잃고 단지 수도원의 도서관 직원으로 일할 수 있었을 뿐이었다.

멘델이 수도원에 들어갔을 때 클라첼은 노련하고 경험 많은 식물학자로서 식물 교잡에 정통하여 멘델의 스승이 되었다. 1868년 멘델이 수도원장으로 선출되자 클라첼은 미국으로 건너가기로 결심했다. 그는 후에 교회를 떠나 이상향을 추구하는 저널리스트가 되었고, 결국에는 이상주의적 무신론자가 되었다. 클라첼[4]은 멘델의 연구에 대해 이해할 수는 없었지만 미국에서는 그를 자연과학 연구의 충실한 동료라고 회고하고 있다.

그 당시 수도원의 사조는 박물학자로서의 멘델에게 큰 영향을 끼쳤다. 멘델이 말한 바와 같이 그의 관심은 더욱 커졌고, 그는 자신의 지식 범위를 넓힐 수 있는 기회를 놓치지 않았다. 신학을 공부하는 동안에도 그는 디블 교수의 박물학과 농학 강의에 빠지지 않았다.

멘델은 신학 공부를 끝낼 무렵 근처 병원의 전속 신부로 잠시 일한 적이 있었다. 그러나 매일같이 환자들이 괴로워하며 죽어 가는 것을 보자 마음이 약한 이 젊은 수도사는 충격을 받은 나머지 그만 자기 자신이 병들 것만 같았다. 다행히 나프 원장의 배려로 1849년에 멘델은 즈노이모(Znojmo)의 인문 고등학교 교사로 파견되었다. 이것이 바로 멘델 인생의 갈림길이었다. 그는 수학과 고전을 가르쳤으며 겸손함과 전문적 지식, 탁월한 교수법으로 동료들로부터 찬사를 받았다. 그 학교의 교장은 멘델에게 빈(Wien) 대학에 가서 교수 자격 시험을 보도록 했는데 당시에는 그 대학에서 수학하지 않았어도 응시가 가능했다. 그리하여 멘델도 인문 고등학교의 박물학과 저학년 물리학 교사 시험을 보았다. 시험을 보기 위해서

---

4) 클라첼은 1882년 3월 17일 별세했으며 재미 체코인들이 그의 기념비를 건립하여 시카고 국립묘지에 세웠다.

는 먼저 광물학과 지질학에 관한 두 가지 논문을 제출해야만 했다. 논문이 통과되어 멘델은 물리학과 동물학에 대한 필기 시험을 보게 되었다. 그러나 물리학 지식은 충분했지만 동물학에 관한 지식이 부족하여 시험에 통과하지 못했다.

멘델은 브르노에 돌아가서 공부를 계속하고 싶었다. 자연과학에 대한 그의 지식은 이미 그곳에서 인정받고 있었기 때문에, 비록 교사 시험에는 실패했지만 기술대학장은 1851년 봄 박물학 교수가 병으로 휴직한 동안 대신 멘델에게 강의를 맡겼다. 3개월 동안 그의 정열적인 강의와 학생들에 대한 사려 깊은 지도는 높이 평가받았다. 그해 10월 나프 원장은 주교 사무실에 편지를 보내서, 멘델 신부는 교구의 사제 의무를 더 이상 수행할 수 없으나 뛰어난 지적 능력의 소유자이며 자연과학 연구에 두드러진 성실성을 보이고 있다고 했다. 그렇게 해서 나프 원장은 멘델이 빈 대학에서 수학할 수 있도록 추천했고, 멘델은 이를 받아들여 1851년 10월에 빈으로 가게 되었다.

3
대학 시절

멘델이 유전 법칙을 발견할 수 있었던 배경에는 광범위한 이론적 지식이 있었다. 후에 멘델이 식물을 가지고 정확한 실험을 할 수 있게 한, 실험적이고 방법론적이면서도 과학적인 기술을 습득한 곳이 바로 1851년부터 1853년까지 다녔던 빈 대학교였다.

나프는 그 당시 모든 물리학자들에게 도플러 효과(Doppler Effect)로 잘 알려져 있던 도플러 연구소에서 물리학을 공부하도록 멘델을 빈으로 보냈다. 대부분의 멘델 전기에서는 멘델이 학교에서 정한 정규 과목을 수강하지 않고 그가 좋아했던 과목을 주로 수강한 사실을 언급하고 있지 않다. 멘델은 대학에서 수학, 화학, 곤충학, 고생물학, 식물학, 식물생리학 등을 수강했으며 이들 과목이 차지하는 시간은 멘델이 대학에서 수강한 전체 시간의 70%가 된다. 이들 과목 외에도 멘델은 도플러 교수가 최대 12명까지의 학생만을 대상으로 개설한 '실험물리학에서 논증은 어떻게 하는가'라는 과목의 특강도 수강했다. 이 과정은 물론 멘델에게 큰 도움을 주었다.

비전임 교사로 멘델의 임용을 매년 승인한 중학교 교장은, 멘델은 유능한 실험학자이며 물리학과 자연사를 잘 가르쳤다고 강조했다. 멘델의 서신 왕래에서도 알 수 있듯이 그도 자신이 실험물리학자라고 생각했다.

멘델이 수행한 연구와 관련하여 흔히 가지게 되는 의문점은 그가 실험 계획과 가설을 구체화하는 데 대학 공부가 어느 정도 영향을 주었는가 하는 것이다. 단순한 시도가 멘델을 식물 잡종 연구 분야의 선구자로 만들었다고 해서, 그의 대학 교과 과정 전부를 보지 않고 멘델의 기본적이고 방법론적인 연구 방법을 이해하는 것은 곤란하다. 이를 고려한다면 멘델이 당시 세계 과학자들의 기본적인 과학 지식은 모두 갖추고 있었음을 알 수 있다. 이러한 면에서 가장 두드러진 원리는 당시 가장 발달한 자연과학인 물리학이었다. 그는 모든 자연현상은 법칙에 따른다고 믿었으며, 아무리 복잡한 현상이라고 해도 어떤 미립자를 기초로 한 몇몇 법칙으로 설명할 수 있다고 믿었다.

과학의 궁극적인 목적은 이 미립자들을 밝히고 그들의 행동을 지배하는 수학 법칙을 찾아내 하나의 학설을 확립하는 것이다. 이러한 법칙들은 임의의 추측으로는 생길 수 없으며 반드시 계획된 실험에 근거를 두어야 하고, 수학적 검증과 증명이 수행되어야 한다. 멘델은 그의 연구에서 물리학자들의 방법을 적용함과 동시에 식물 잡종과 가장 마지막에 수행한 식물의 수분 실험에도 이를 적용했다. 빈 대학에서 멘델이 수강한 학과목 기록을 오스트리아 식물학자로 잘 알려진 마릴라움 (Marilaum)을 비롯한 그 당시 사람들과 비교해 보면, 멘델과 같이 이상적으로 학과목을 수강한 사람은 아무도 없다. 이와 같이 멘델은 앞으로 할 연구를 위하여 올바른 준비를 했는데, 그가 유전 실험을 계획하고 학설을 세우는 데 필요했던 모든 것이 대학에서 수강한 학과목에 나타나 있다.

연구 방법의 터득

19세기 중반 자연주의자들은 자연에 존재하는 모든 것을 과학적으로 설명할 수 있다고 믿기 시작했으며, 그 생각의 근거를 가장 발달한 과학인 물리학에 두고 있었다. 자연의 모든 현상은 물질의 가장 작은 입자들과 이 입자들의 운동과 관련된 법칙에 따랐다. 즉, 자연법칙을 수학 용어로 기재했던 것이다. 이러한 법칙을 발견하고 실험으로 증명할 수 있는 학설을 세우는 것이 과학자들의 임무였다. 멘델은 이러한 원리를 바움가르트너(Baumgartner)와 에팅스하우젠(Ettingshausen)이 저술한 실험물리학 교과서에서 터득했다. 바움가르트너는 원래 올로모우츠 대학교의 물리학 교수였는데 1833년에 교과서 초판을 출판했으며 후에 빈으로 이주했다. 1850년 멘델은 첫 번째 대학 입학시험을 시도하던 중 우연히 바움가르트너를 만났는데, 그는 멘델의 물리학 실력을 칭찬했으며 물리학 공부를 하도록 격려했다. 에팅스하우젠은 멘델에게 수학을 가르쳤으며 도플러가 사망한 뒤에도 물리학을 강의했다.

바움가르트너와 에팅스하우젠에 의하면 잘 계획된 실험은 여러 가지 측면에서 자연의 원리를 알 수 있는 방법이며 법칙의 열쇠를 찾는 것이고, 자연 현상의 상호 관계를 이해하는 가장 확실한 방법이다. 멘델의 연구에서 논리적으로 고안되고 계획된 실험 발상은 바로 그러한 것이었다. 멘델은 자신의 가설을 증명하고자, 모델로 택한 완두로 10여 년이 소요될 장기간의 실험에 대해 치밀한 계획을 세웠던 것이다. 물리학 교과서에는 연구 목적이 관찰한 자연 현상에서 상위 법칙을 확립하고, 이로부터 더 하위의 법칙을 이끌어 내는 데 있다고 강조하고 있었다. 따라서 어떤 특정 현상의 설명은 이 법칙들로부터 얻어 낸 지식에 불과한 것이다. 상위 법칙이란 추리적인 방법으로는 얻을 수 없고 실험을 통해서만 얻을 수 있는 기본 법칙을 뜻했다. 이 과정에서 수학이 극히 중요한 역할을 하며, 정량에 관련된 모든 경우에 쓰이고 있다. 상위 법칙이 확립되어 있고 추론에 의하여 예비적으로 설정한 하위 법칙이 진정한 의의와 확실한 정당성을 가질 때만 이를 법칙으로 받아들였다. 바로 이러한 접근 방법을 멘델의 완두콩 교배 실험에서 볼 수 있다. 지난 세기를 통하여 통계의 개념이 자연과학 연구에 도입되고 있었다. 멘델이 빈에서 공부할 당시 수강과목에는 이미 물리학과 수학 강의가 들어 있었다.

도플러는 그가 저술한 수학 교과서에서 조합설과 확률의 기본 원리에 대해 언급했다. 빈의 천문 연구소 소장인 리트로브(Littrow)는 1883년 라플라스(Laplace)가 확립한 학설의 기본 원리를 설명하는 『과학적이며 실생활에 쓰이는 확률 계산』이라는 제목의 책을 출판했다. 그는 이 책의 서론에서 자연의 대법칙과는 관계가 없는 것처럼 보이는 극히 보잘것없는 현상이라도, 모든 현상은 반드시 하늘에서 태양과 다른 물체들의 운동을 지배하는 것과 같은 불변의 법칙에 의해서 생겨난 것이 틀림없다고 강조했다. 리트로브는 우리들이 이러한 현상과 우주 불변의 법칙 사이의 관계를 알지 못했기 때문에 이들 불변의 법칙을 설명할 때 때로는 그것이 어떤 한정된 원인에 의존하는 것이라 했다. 또 때로는 단지 우리들이 곧 알 수 있는 어떤 모양을 갖추는가 그렇지 못한가에 따라서 단순히 그것을 우연에 의한 것으로 돌리기도 했다고 했다.

리트로브는 자연의 모든 현상들 사이의 관계는 처음에는 거의 임의대로 존재하는 것처럼 보이지만, 고려할 수 있는 현상들의 수가 많으면 많을수록 어떤 일정한 관계에 더 접근하게 된다고 했다. 멘델은 리트로브의 책을 자세히 이해했으며 대학교에서 돌아온 후 곧 모라비아에서 기상 관측 기록을 집계하는 일을 시작했다. 그는 이 일에 통계의 원리를 적용했고, 이 일과 동시에 완두콩을 가지고 연구도 했으며 이 연구에도 같은 원리를 적용했다.

멘델은 화학과 물리학 두 분야에서 불연속성 단위 현상의 개념을 알게 되었다. 1853년 빈에서 출판된 『물리학 원론』이라는 교과서에서 에팅스하우젠은 물질의 가장 작은 것을 질점(Material Point)이라 했고, 이를 수학적으로 다루었다. 멘델은 화학 공부에서 원자 개념과 라디칼설(Theory of Radical)을 알려고 했는데, 라디칼설에 따르면 생물은 무기 물질의 원소와도 비슷한 단위로 구성되어 있지만 그 체제가 더욱 고도화된 구성을 하고 있다. 특히 흥미로운 사실은 웅거(1800~1870) 교수의 식물생리학 강의였다. 웅거 교수는 식물의 수정에 관한 토론에 관여하고 있었으며 「인공 수분을 통하여 새로운 원예용 변이종을 얻다」라는 제목으로 글도 썼다. 웅거는 식물학 연구에서 방법론을 강조하여 학생들에게 큰 감명을 주었는데, 멘델도 웅거 교수를 존경한 사람 중 하나였으리라고 추정된다. 웅거 교수의 과학 개념은 세포학설을 주창한 슐라이덴(Schleiden)의 영향을 받았다. 『식물학의 기본 원리』라는 저서에서 슐라이덴은 식물학을 연구하는 과학자들이 물리학자와 화학자들과 동일한 방법으로 학설을 세워야 한다고 강조했으며, 『귀납적 과학으로서의 식물학』이라는 제목이 붙은 책에서는 세포에서의 변화 결과를 가지고 식물의 작용을 설명하지 않은 모든 가정을 부정함으로써 식물학을 위한 방법론적 공리(Maxim)를 공식화했다. 슐라이덴은 수많은 식물의 변이체는 세포 변화의 결과라고 믿었으며, 세포의 구성물을 생명의 본질로 생각했다.

슐라이덴의 실험 연구는 비록 중요한 새로운 과학적 지식을 제시하지는 못했으나 당시의 학자들에게 많은 영향을 주었다. 웅거는 세포가 결정화와 비슷한 과정에서 '세포액'으로부터 우연히 형성되었다는 슐라이덴의 주장에는 동의하지 않았으나, 웅거도 그의 영향을 받은 사람 중 하나이다.

슐라이덴은 세포를 구성하고 있는 일정한 구조가 없는 사이토블라스토마(Cytoblastoma)를 생명의 기본 물질이라고 했는데, 이 주장은 웅거 교수가 제창한 유물론 원리에 배치된다. 멘델은 슐라이덴의 『식물학의 기본 원리』라는 책에서 식물학 연구에 대한 새로운 생각을 얻게 되었다. 멘델은 자신의 연구인 식물 잡종 실험의 결과를 세포의 개념과 연계시키려고 노력했다.

발생의 수수께끼와 식물의 수정

멘델이 빈에 도착했을 때 여러 대학에서는 식물체가 세포로 구성되어 있으며, 따라서 식물체의 다양한 기관들은 모두 세포로 구성되어 있음을 막 가르치기 시작하고 있었다. 해상력이 좋은 현미경의 개발로 식물과 동물 조직의 구조가 명확히 밝혀질 수 있게 되었고, 모든 생물체의 구조에서 세포는 생명의 근본적인 단위라는 개념이 널리 보급되기 시작했다. 웅거는 1851년에 쓴 논문에서 "알아내야 할 식물체의 모든 본질은 다름 아닌 바로 세포 내에 집중되어 있다"라고 했다. 멘델은 세포의 개념에 대한 웅거의 연구를 기초로 삼아, 유전의 수수께끼와 밀접한 관련이 있고 논쟁의 대상이 되는 발생과 수정이라는 문제에 관하여 깊이 생각해야만 했다.

18세기만 해도 과학자들은 수십 가지의 발생 이론을 제안했지만, 그 대부분은 정자(또는 화분)나 난자 내에 배아(Embryo)

가 미리 형성되어 존재하고 있다는 가정(전성설)에 기초를 두고 있었다. 그러나 생식 세포 또는 배아는 매 세대마다 새로이 발생한다는 후성설의 입장을 주장하는 사람도 간혹 있었다. 이상주의적인 독일의 자연주의 철학자 블루멘바흐(Blumenbach)는 18세기 말에, 후성설은 살아 있는 생물체의 타고난 능력인 창조력의 활성에 의해 존재한다고 했다.

발생에 관한 고찰은 1795년 안드레의 동물학 교과서에도 기록되어 있다. 여기에서 그는 후성설의 창조력 이론에 맞서서, 자손의 형성에 양친의 개입이 필수적이라는 사실은 동식물의 교배에서 관찰된 증거라고 주장했다. 안드레는 설득력 있는 발생 이론이 발견되어야 한다고 결론지었다. 1812년 브르노에서 그는 면양의 육종에 관한 기초 이론으로서 새로운 개념인 '인위 선택' 개념을 제안했다.

17년 후인 1829년 그의 동료 네스틀러는 유전에 관한 그의 강의 제목에 '발생'이라는 용어를 사용하여, 위에 언급했던 유전과 생식 현상 사이의 관련성을 강조했다. 그러나 1830년에 들어가서도 발생 과정은 19세기 초와 마찬가지로 신비한 과제로 남아 있었다. 그 당시 양털의 생산성은 유전과 밀접한 관계가 있음을 인식하고 있었는데, 1830년대 말에 양털 생산은 경제성을 잃게 되었다. 그 기간에 모라비아의 면양 육종업자는 사라졌다. 1840년이 지나서는 면양의 선택 과정 이론의 설명에도 학자들의 관심은 없어졌고 유전 문제 역시 마찬가지였다.

생리학자들은 세포설이 등장하자 발생이라는 주제에 대해 다시 새로운 관심을 갖기 시작했다. 기센(Giessen) 대학의 동물학 교수인 로이카르트(Leuckart)는 생화학자들이 소개한 개념을 받아들여, 발생 과정에서 정자는 화학적 친화력의 법칙뿐만 아니라 활발한 움직임에 의해서도 난자에 물질을 전달한다는 견해를 발표했다. 로이카르트는 후자의 가설에 더 호감을 가졌다. 그는 정자의 접촉이 난자 속의 분자들로 하여금 특별한 운동을 하게 하며, 그것을 바탕으로 배아가 발생한다고 제안했다. 그는 유전 현상을 분자들의 다양한 운동 때문이라고 생각했고, 따라서 발생과 유전의 문제들은 함께 생각해야 하며, 배아 형성에 양친 모두가 관여함을 암시했다.

로이카르트의 논문이 실린 잡지의 편집자였던 괴팅겐(Götingen) 대학의 바그너(Wagner) 교수는 이러한 설명에 만족하지 않았다. 그는 유전의 문제는 우선 실험적으로 접근해야 한다고 충고했다. 또한 그 결과들이 발생의 문제까지 설명할 수 있기를 기대했다. 바그너는 다른 여러 형질을 가진 동물들을 가지고 교배 실험을 시행하여 여러 세대가 계속되는 동안 이 형질을 평가해야 하며, 여기에는 통계의 원리와 수학이 적용되어야만 한다고 제안했다. 그는 저명한 생리학자 푸르키네(1787~1868)가 주장한 "발생 과정은 양친의 생식 세포 내의 물질이 융합하는 것과 관련이 있다"라는 견해에 관해 언급하면서 끝을 맺었다. 마지막으로 바그너는 식물 수정에 관해서도 똑같은 문제가 논의되어야 한다고 덧붙였다.

1837년에 슐라이덴은 화분관(Pollen Tube)이 배낭(Embryonal Sac)으로 뚫고 들어간 뒤에 화분관 자체로부터 배가 발생한다는 결론에 도달했다. 이것은 이보다 앞서 발표된 아미치(Amici, 1786~1863)의 개념과 상치되는 것이다. 이탈리아의 천문학자이며 현미경학자인 아미치는 1823년 화분관의 성장을 최초로 관찰한 사람인데, 그 이후에 그는 화분관이 배낭 속에 미리 형성되어 있는 배아(Preformed Embryo)의 발생을 단지 촉진시킬 뿐이라고 주장했다.

1851년 독일의 식물학자 호프마이스터(Hofmeister)는 슐라이덴의 견해는 모두 틀렸으며, 식물의 수분에는 양친 모두가 관련되었음을 보여 주었다. 이 과학적 논쟁은, 발생에 두 양친이 관여한다는 것을 믿을 수 있게 설명한 독일의 식물학자 라틀코퍼(Radlkofer)의 '고등 식물의 수정'에 관한 논문이 1856년에 발표되자 비로소 끝을 맺었다. 그는 책 제목 아래에 이 논문은 의견 충돌을 해결하는 데 기여한다고 덧붙이고, 양친 모두의 관련성을 설득력 있게 설명했다. 멘델은 그때 그의 연구 과제를 다듬는 시기에 와 있었으며, 식물의 수정에 관한 의문이 해명되어야 한다고 생각했다.

그 문제의 해결에 주로 공헌한 사람은 푸르키네의 제자인 프링스하임(Pringsheim)이었다. 1855년 그는 담수산 조류를 재료로 한 실험에서 수정의 완성에는 단 하나의 정자만 있으면 된다는 것을 밝혔다. 멘델은 마침 프링스하임의 모든 연구를 배울 수 있는 곳에 있었고, 멘델이 자연과학을 공부할 때 같이 빈에서 법학을 공부하고 있던 친우 나베(Nave)로부터 식물 수정에 관한 논쟁을 들어 알고 있었다. 나베는 생활 수단으로 법조계의 직업을 선택했으나 식물학에 더 깊은 매력을 느꼈으며, 나중에 브르노에서 조류(藻類) 연구에 여생을 바쳤다. 그는 1858년 브르노에서 방대한 논문을 출간했는데, 그것은 조류의 「발생과 번식(On The Development and Propagation of Algae)」이라는 그 방면의 최신 연구를 종합한 것이었다. 그는 또 조류의 성(Sex)을 발견한 프링스하임의 빛나는 업적도 관심의 대상으로 만들었으며, 조류의 발생 과정에 관한 웅거의 연구에 대해서도 언급했다.

멘델이 빈 대학에 갔을 때는 식물학 연구소가 둘로 갈라져 한쪽은 프렌츨(Frenzl) 교수가 강의하는 식물계통학 연구소로, 또 한쪽은 웅거 교수가 이끄는 식물생리학 연구소로 분리된 후였다. 프렌츨은 배가 단지 화분 세포로부터 발생한다는 견해의 지지자였고, 반면에 웅거는 배의 기원에는 양친이 모두 기여한다는 점을 강조했다. 멘델은 웅거 쪽이었고, 학술 활동에서 웅거가 소개한 용어들을 사용했다. 1856년 멘델이 두 번째 교사 시험을 치를 때 웅거는 부재중이었고, 프렌츨이 시험 감독관을 맡았다. 그 시험이 어떻게 되었는지는 수수께끼이며, 1850년대의 다른 모든 시험 기록이 보존되어 있는데도 유독 그 기록만 없어진 이유도 알 수 없다. 우리가 아는 것은 다만 멘델이 그 시험에 응시했으나, 의기소침하게 브르노로 돌아갔다는 사실이다. 최근의 일설에 의하면 수정 과정에 관한 멘델의 설명을 프렌츨이 문제 삼았고, 이것이 화근이 되어 멘델은 그 시험에 낙방하게 되었다고 한다.

멘델은 완두콩(Pisum Sativum)에 관한 논문의 끝부분에서, "유명한 생리학자들의 의견에 따르면 종자식물(고등 식물)의 번식은 하나의 배세포와 하나의 화분 세포가 합쳐져서 하나의 세포가 됨으로써 시작된다. 이것은 물질을 흡수하고 새로운 세포들을 형성함으로써 시작된다"라고 언급했다. 멘델의 이론은 식물 수정에 관한 최신 연구와 잘 일치했다. 그는 유명한 생리학자들의 의견을 참고하면서도 그들의 이름을 언급하지 않았다. 그것은 예외적인 일이었다. 왜냐하면 멘델은 식물 잡종 연구에서는 그의 선배들을 열거하면서 그들 중에서 가장 중요한 사람들의 이름을 수록했기 때문이었다. 우리는 그가 마음속으로는 우선 웅거를 꼽았을 것이라고 가정할 수 있다. 그러나 프링스하임일 가능성도 있고 1850년에 브로클라프(Wroclav)로부터 프라하로 옮긴 푸르키네일지도 모른다. 프라하에서 푸르키네는 클라첼을 만났으며, 1855년 성 토마스 수도원의 초청으로 브르노를 방문한 바 있다. 그는 나중에도 브르노에 있는 수도원을 여러 차례 방문했다. 그가 처음 방문했을 때 이미 온실은 지어져 있었고 멘델은 완두로 실험을 시작하고 있었다. 푸르키네가 멘델에게 무슨 말을 했는지 증명할 직접적인 증거는 없다. 그러나 실험용 정원을 보고 그 실험에 흥미를 느껴서, 수정에 관하여 자기 생각을 말했을 가능성은 매우 크다.

이제까지 우리는 1850년 이후에 다른 자연주의자들이 식물 잡종 실험과 식물 수정 과정의 탐구에 관심을 가졌다는 주장을 살펴보았다. 멘델은 관련된 논문에 익숙해져 있었으며 발생과 수정에 관한 논쟁도 잘 알고 있었다.

식물의 잡종 형성과 유전

독일의 식물학자 게르트너(Gärtner)는 1849년에 발표한 방대한 논문에서 잡종 형성에 관한 실험적 연구를 정리했다. 멘델은 그 사본 한 부를 가지고 있었고, 그 여백에 쓴 글들로 미루어 그가 여러 번 자세히 공부했음을 알 수 있다. 그래서 그는 식물 잡종 형성에 관한 지식의 최신 경향과 그 문제를 계속 연구하는 데 참고가 될 만한 지식을 잘 알고 있었다.

게르트너는 나중에 소위 멘델의 유전 법칙으로 정의될 거의 모든 현상을 따로 기술했는데, 가장 중요한 수량적 분리비를 제외시킨 채로 발표했다. 게르트너 책의 표지 안쪽에 언급한, 완두콩의 형질이 쌍을 이루고 있다는 내용은 멘델의 주목을 끌었는데 이것이 나중에 완두콩을 실험 식물로 택하게 된 원인이 됐을지도 모른다. 양친의 요소(Element)와 형질들을 가지고 잡종의 기원과 발생을 설명하는 것은, 식물생리학은 물론 여러 다른 형태를 가진 식물들의 분류에도 중요하다고 게르트너는 지적했다. 프렌츨은 또한 1824년 영국에서 출간된 시턴(Seton)과 고스(Goss)의 완두콩을 재료로 한 실험 논문들을 독일어로 번역하여 멘델이 그 독일어판을 공부할 수 있게 했다.

이 논문들은 잡종 자손에서의 우성(Dominance)과 형질 분리를 설명하고 있었다. 멘델은 그의 논문 서두부터 게르트너의 책을 인용했으나, "잡종의 형성과 발생에 관하여 일반적으로 적용할 수 있는 법칙은 아직 확립되어 있지 않다"고 지적했다.

멘델은 식물 잡종 문제에 대하여 웅거의 강의를 들은 것이 틀림없다. 웅거의 강의는 1851년에 『식물학 소식(Botanical Letters)』이라는 제목으로 출간되었는데, 여기에는 식물학의 최신 연구 경향이 언급되어 있었다. 웅거는 식물의 형질이 발현하는 방식을 밝히려면 '계획된 실험적 연구'를 해야 한다고 주장했고, 여러 세대에 걸쳐서 관찰을 시행할 것을 권했다. 식물생리학의 개척자들처럼 웅거도 양친 모두가 배아의 형성에 참여한다고 생각했다. 그는 또 개개 식물들의 차이점은 세포 내에 실제로 존재한다고 생각되는 어떤 요소들의 특별한 배열 결과 때문이라고 믿었다. 웅거의 주장에 의하면 그러한 요소 단위들은 다른 것으로부터 기원하여 변화를 일으켰을 수도 있었다. 그는 이러한 생각을 자연 상태에서의 발생 과정을 설명하는 데 이용했다. 새로운 형질의 출현이나 심지어 신종의 출현도 그가 생각하기에는 세포 내에 있는 요소들의 조합에 따른 결과였던 것이다.

웅거는 논문에서 무니히(Munich) 대학의 식물학 교수인 네겔리(Nägeli, 1817~1891)에 관해서 자주 언급했으며, 또한 그의 강의에서도 언급한 것 같다. 이것이 멘델이 네겔리에게 자신의 완두콩 논문 사본을 보낸 원인이었을 것이다. 저명한 식물학자와 신예 연구자는 1867년에서 1873년에 이르는 동안 계속 편지를 주고받았다.

웅거의 업적은 먼 훗날까지도 영향을 미쳤다. 나중에 멘델의 법칙을 재발견해서 유명해진 사람 중 하나인 암스테르담의 더프리스(de Vries)는 1870년 출간한 논문의 제목 바로 아래에, "생리학의 과제는 생명 현상을 물리학이나 화학의 기존 법칙으로 해석하는 것"이라는 웅거의 말을 인용했다. 그와 같은 생각은 1870년 더프리스가 유전의 단위에 관한 개념을 이끌어 내게끔 동기를 제공했다.

웅거가 타계했을 때, 브르노에 있던 자연과학회의 간사장인 니슬(Niessl)은 웅거는 그의 연구 장벽을 뛰어넘어 멀리까지 내다볼 줄 아는 금세기의 앞서가는 지성인 중 한 사람이었다고 말했다.

자연과학회의 회원 중에서 웅거의 영향을 받은 사람 중 한 명이 멘델이었다. 그는 빈으로 돌아오자 곧 실험 계획에 착수했다. 그의 목적은 잡종의 기원 및 발생의 법칙을 설명하는 것이었다. 그는 그 과제와 그것에 관련된 다른 중요한 문제들, 이를테면 유전의 신비와 밀접하게 연결되어 있는 발생과 진화의 수수께끼와 같은 문제들의 복잡성을 완전히 파악하고 있었다.

4
멘델의 유전 실험

완두의 잡종 실험

멘델은 완두의 실험 결과를 1865년 초 브륀 지방 자연과학회에서 2회에 걸쳐 구두로 발표했다. 두 번째 강연이 끝난 후 자연과학회의 간사는 멘델에게 강연 내용을 책으로 출판할 것을 요청했고 그는 면밀하게 재검토하여 틀린 점이 없음을 확인한 후 강연 원고를 출판사에 보냈다. 그의 강연은 식물 잡종의 새로운 실험 방법(앞선 회합에서도 이미 논의된 바가 있는)과 이론적 해석으로 청중의 흥미를 환기시켰다.

첫 번째 강연 원고에서 멘델은 많은 식물을 교배하고 그 결과를 검사하는 방법부터 서술하기 시작했으며, 완두의 형질들이 세대를 거듭하면서 어떻게 전달되는가를 분석하는 데 그 목적을 두었다. 이 원고에서 그는 그의 선구자보다 더 정확한 실상을 밝혔으며 형질의 전달 과정을 최초로 수학적 기호로 표현했다. 두 번째 강연 원고에서는 잡종 세포의 조성을 생리학적 관점에서, 그리고 새로운 수준의 세포 학설을 토대로 설명했다. 그것은 유전의 이론적 원리를 설명하려 한 획기적인 시도였으며 그것이 바로 멘델의 탁월한 점이었다. 그가 학설을 창안하고 다듬어 감에 따라 그의 천재적인 재능이 나타났다.

두 번의 강연과 연구 보고서에서 멘델은 그의 학설을 적절하게 군데군데에 삽입했다. 그는 예비 실험에서 얻은 경험 같은 실험 내용에 대해서는 상술하지 않았다. 이것은 설명을 간결하고 명백하게 했으나, 이 때문에 다른 학자들은 그의 실험을 추시하기가 어려웠다. 멘델의 학설을 완전히 이해하는 데 장애가 된 다른 요인은 그의 간결한 설명에 있었다. 멘델의 연구 동기와 목적은 강연의 서두에 나타나 있다. "새로운 색깔을 갖는 화훼식물(花卉植物)의 변종을 얻기 위해 시도된 인공 수분이 여기에 논의된 실험의 시작이었다. 유사한 품종 사이에 이루어진 수분에서와 같은 잡종이 항상 다시 나타나는 뚜렷한 규칙성은, 자손에서 나타나는 잡종의 형성을 추적하는 다른 실험의 길잡이가 된다……."

첫 번째 강연 원고에서는 단순히 계속된 실험 과정을 나열하여 서술했으나, 실험에서 대상 식물을 선택하는 데 매우 조심해야 한다는 점을 강조하는 것을 잊지 않았다. 멘델의 엄격한 태도는 당시 그 분야에서 선도적인 권위자로 알려진 게르트너의 업적에 대한 논평에서도 알 수 있다. 게르트너가 행한 잡종 실험에 관한 논문 중 분꽃의 잡종 연구 결과에 대해 네겔리에게 보낸 편지에서, 멘델은 게르트너가 실험 결과를 자세히 보고하지 않았으며 또한 잡종의 유형(특히 같은 교배에서 얻은)을 충분히 분석하지 않았다고 논박했다. 따라서 게르트너의 실험은 확고한 결론을 얻기에는 너무나 일반적이고 불확실하다고 대수롭지 않게 평가했다. 그러나 멘델의 실험은 관찰한 것을 제대로 설명할 수 있도록 계획되었다.

멘델이 식물의 인공 수분 실험을 최초로 시도한 사람은 아니었지만, 그 이전의 학자들은 대부분 양친과 자손의 전체적인 모양에만 관심을 갖고 유전 현상을 이해하려 했다. 그 결과 그들은 양친의 형질이 자손에서 혼합된다는 구태의연한 견해를 지지했다. 다윈은 혼합 유전의 견해를 가진 사람에 속한다.

멘델은 개체 전체의 형태를 대상으로 삼지 않고 특정한 단일 유전 형질(예컨대 종자의 모양)만을 대상으로 삼아 문제 해결을 단순화시켰다. 그래서 두 변종 중 하나에서 나타나는 각각의 형질을 대상으로 했다. 그는 이 대립 형질이 다음 세대에 나타나는 양식을 기록하고 체계적으로 분석했다. 콩과 식물 몇 종을 가지고 얼마 동안 예비 실험을 한 후 완두속(屬)에 속하는 식물이 그가 의도한 논리에 맞는 유전 실험용 재료로 알맞다는 결론을 내렸다. 왜냐하면 종자와 식물체가 뚜렷한 형질을 가지고 있어, 쉽고 확실하게 식별되며 생식력이 완전하게 갖춰진 잡종을 만들 수 있기 때문이었다. 멘델이 말한 잡종이라는 말은 첫 번째 교배에서의 생산(F_1세대)만을 뜻한다는 것을 염두에 두는 것이 중요하다.

멘델은 15종의 대립 형질을 가진 34변종의 식용 완두를 2

년 이상 연구했다. 그는 실험을 위해 22가지를 선발했는데 그것들은 고정된, 다시 말하면 변화되지 않는 순종이었다. 그것들은 다음과 같은 형질로 구분된다.

· 종자의 모양: 원형 또는 각형(주름진 것)
· 종자의 색깔: 황색 또는 녹색
· 익은 콩깍지 모양: 미끈한 활 모양 또는 씨와 씨 사이에 깊은 이랑이 진 콩깍지
· 덜 익은 콩깍지의 색: 연한 녹색, 또는 짙은 녹색에 밝은 황색
· 꽃의 위치: 줄기의 마디를 따라 피는 것(액생)과 정상에 몰려 피는 것(정생)
· 줄기 길이: 키가 큰 것(1.9~2.2m)과 키가 작은 것(0.24~0.46m)

멘델 직전의 연구자들은 실험에 사용한 식물 형질의 불변성을 검사하는 데 실패했으나, 1799년 양친이 자손의 생성에 대해 어떤 역할을 하는가를 찾아내려고 시도한 바 있는 나이트는 이에 관한 2년간의 검사 과정을 언급한 적이 있다. 멘델은 디블 교수의 강연에서 새로운 식물 변종을 만들 때 주의해야 할 점을 배웠을 것이다.

멘델의 연구 계획에서 독특한 점은 그 실험 계획의 규모에 있다. 그는 관찰 대상을 늘리면 늘릴수록 우연에 의한 효과가 더욱 제거될 것이라고 믿었다. 그러므로 그는 생물학 연구에서 통계학을 응용한 개척자가 되었다. 완두의 실험은 1854년부터 1863년까지 계속되었으며 실험에 약 2만 8,000포기의 완두를 사용했고 그중 1만 2,835포기를 치밀하게 조사했다.

그는 35m×7m 크기의 실험 포장과 온실을 사용했다.

멘델의 고전적인 논문 첫 부분은 완두 종자의 모양과 색깔에 관한 두 가지 실험이었다. 그는 이를 통해 가장 용이하고 확실하게 목적한 대로 논리를 끌어낼 수 있다고 확신하고 이에 관한 실험을 최대한 자세히 다루었다.

첫 번째 실험은 주도면밀하게 준비했으며, 7쌍의 형질을 사용하면서 여러 번 반복해야 했지만 본질적으로는 대단히 단순했다. 역사가 증명하듯이 이 실험에 담긴 뜻이 쉽게 이해되지 않았던 것은 명백하다. 결과를 검사하여 7쌍 중에서 한 종류가 첫 번째 실험에 가장 적합함을 멘델은 알게 되었다. 그는 순종 원형의 완두에서 생긴 식물을 순종 각형 종자에서 자란 식물과 교배했다. 그 결과로 생긴 잡종 종자(F_1세대, 잡종 제1세대)는 모두 원형이었다. 다시 말하면 그들은 원형 종자의 어버이에게서 그 형태를 이어받은 것이다. 배주(胚珠)와 제공된 화분에 상관없이 그 결과는 같았다. 다음 계절에 멘델은 원형의 잡종 종자를 심어 자가 수분으로 F_1세대에 5,474개의 원형 종자와 1,850개의 각형 종자를 얻었다. 그는 나머지 여섯 가지 실험에서도 양친의 형질이 비슷하게 3:1로 분리되는 것을 발견했다.

잡종 종자(F_1)는 원형의 어버이와 구별되지 않았다. 그러나 F_2세대에서 각형이 다시 나타났다. 멘델은 각형의 형질이 잡종에 잠재해 있으나 원형과 섞이거나 손상되지 않고 존재한다고 결론을 내렸다. 그는 원형이 각형보다 우세하다 하여 전자를 우성(Dominant)이라고 불렀고, 각형은 열세하므로 열성(Recessive)으로 표시했다. 이것은 그의 첫 번째 중요한 발견이었다. 식물의 형질은 잡종에서 혼합되지 않았다. 그들은 독립적 요소로서 분리되어 전달되었다. 멘델은 이 실험으로 혼합 유전의 개념을 결정적으로 타파했다. 이것이 그로 하여금 다음 세대에 대한 실험을 계속하도록 했는데 이것은 그 시대의 사람들이 전혀 생각하지 못했던 획기적인 개념의 전환이었다.

다음 해에 멘델은 F_2세대에서 얻은 원형과 각형의 종자를 재배하면서 자가 수분하여 제3세대(F_3)의 종자를 얻었다. 이 종자들을 분석하여 각형 종자에서는 예외 없이 각형만이 나온다는 것을 알게 되었다. 원형 F_2종자의 3분의 1에서는 예외 없이 원형만 나왔으나 나머지 3분의 2에서는 원형과 각형의 종자가 다시 3:1 비율로 나타났다. 멘델은 이를 다시 한 번 확인하기 위해 제4세대를 연구했다.

여기에서 많은 현대적인 술어, 특히 현재 유전 현상을 기술하는 데 쓰는 술어를 도입할 것이다. 형질의 유전적 전달을 결정하는 요소를 유전자라고 하는데 이 말은 1909년 요한센(Johansen)이 만들어 낸 말이다. 멘델 학설에서 개체는 각각의 형질에 대해 두 개의 유전자를 가지고 있다. 이 두 개는 같을 수도 있고 다를 수도 있는데 보통 한 가지 형태 이상으로 존재한다. 이와 같이 서로 다른 대립적 형태의 유전자를 대립 유전자라 한다. 유전자에 따라 한 가지, 두 가지 혹은 더 많은 대립 유전자가 존재할 수 있다. 그러나 멘델은 그중에서 양자택일할 수 있는 두 개의 대립 유전자만 존재하는 것을 선택했다.

멘델은 완두의 잡종 실험을 통해 원형 종자의 모양을 설정하는 우성 대립 유전자와 각형 종자를 결정하는 열성 대립 유전자의 존재를 알아냈다. 그는 전자를 A로, 후자를 a로 표시했다. 그가 사용한 순계(유전적으로 같은 계통)의 양친 식물은 각각 A 혹은 a만을 가졌다. 생물이 가진 대립 유전자를 그 형질에 대한 유전자형이라고 하며 양쪽 대립 유전자가 같은 것을 그 형질에 대한 동형 접합체라고 부르는데, 그와 그들의 자손은 그 대립 유전자가 만든 형질만을 나타낸다. 형질의 표현은 표현형이라고 한다.

멘델은 그의 잡종 식물이 각 양친에서 한 개의 요소(유전자)를 얻었다고 추론했다. 다른 유성 생식을 하는 생물과 같이 식물도 배우자(수컷에서는 화분, 암컷에서는 배주)의 결합을 통해 생식한다. 생식에서 양친의 두 대립 유전자는 반으로 나뉘어 각 배우자는 한 개의 대립 유전자만 소유한다. 멘델의 실험에서는, 한쪽 어버이에서 유래된 A를 가진 배우자가 다른 어버이에서 온 a를 가진 배우자와 결합함으로써 잡종을 만들어 낸다. 그들은 모두 Aa로 이형 접합체이다. 이 잡종은 모두 원형이므로 원형이 우성이다. Aa의 유전자형을 가진 이형 접합체에서 원형을 나타내는 대립 유전자 A는 우성이므로 이 유전자형은 유전자형이 AA와 같은 표현형을 나타낸다. 잡종이 자가 수분될 때 같은 수의 대립 유전자 A와 a는 무작위

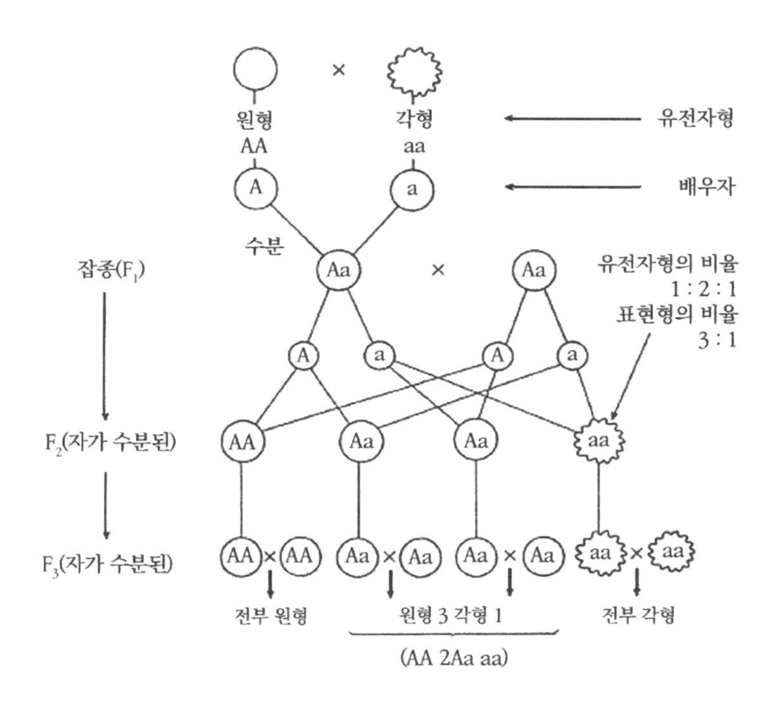

〈그림 1〉 두 가지 다른 순계인 원형과 각형을 교배하여 얻은 잡종은 모두 원형이었지만, 그 잡종이 자가 수분되었을 때에는 원형과 각형이 3:1로 분리되었다

로 결합하므로 종자의 유전자형 AA, Aa, aa는 1:2:1의 비율로 나타난다. 원형은 각형에 대해 우성이므로 AA와 Aa는 원형이 된다. 따라서 원형과 각형의 표현형은 3:1로 나타난다. 평균해서, 원형 종자의 3분의 2에 해당하는 Aa의 유전자형을 가진 종자에서는 또다시 원형과 각형이 3:1의 비율로 생긴다.

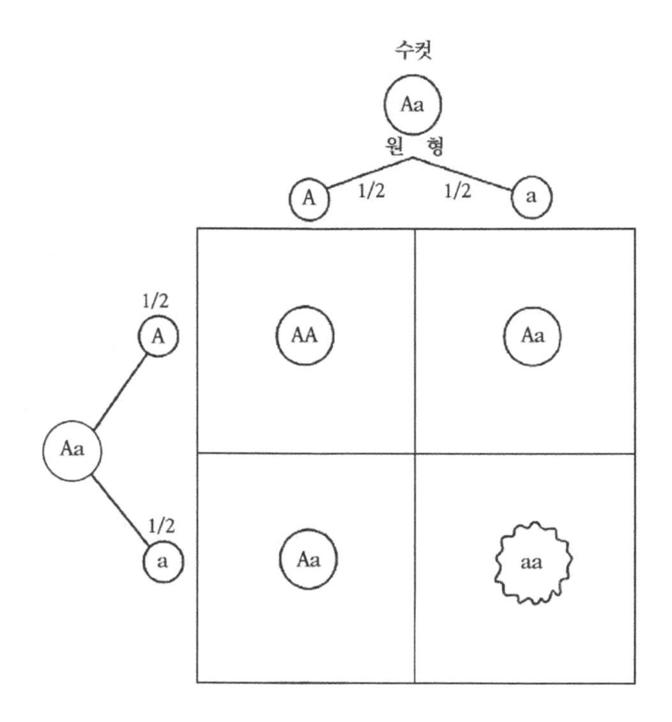

〈그림 2〉 잡종 원형 완두끼리의 교배로 다른 종류의 자손을 만들 수 있는 확률을 보여 주고 있다. 양친의 유전자형은 Aa이다. 수컷 어버이는 1/2A:1/2a의 비율로 화분을 만들고 암컷 어버이는 1/2A:1/2a의 비율로 배주를 만든다. 이들이 무작위로 결합된 결과 1/4AA:1/2Aa:1/4aa가 생긴다. AA와 Aa는 모두 원형이므로 원형과 각형의 비율이 3:1이 된다

우성과 열성 형질을 기호로 표시하는 간단한 방법은 1900년 이후 유전학 실험을 계획하고 분석하기 위해 채택되었다. 멘델의 발견을 이 표시 방법으로 〈그림 1〉에 설명했다. 이

결과를 총괄하면 멘델은 빈 대학에서 배운 조합과 확률론을 잘 이용했다고 볼 수 있다. 가장 간단한 실험에서 대립 유전자가 확률 법칙에 의해 결합되는 것을 〈그림 2〉에 장기판 형태로 표시했다.

한 쌍의 상이한 형질에 대해 멘델은 다음과 같이 잡종의 자손을 일련의 간단한 수식으로 표시했다.

AA + 2Aa + aa

멘델은 그의 논문에서 실제로 수식을 A+2Aa+a로 표시했다. 이 표현은 〈그림 1〉에서 설명된 3:1의 표현형의 분리와 1:2:1의 유전자형(AA, Aa 그리고 aa)의 분리를 내포하고 있다.

다음 실험에서 멘델은 한 종의 대립 형질에서만 얻은 법칙이 두 가지 또는 더 많은 대립 형질에서도 적용되는지를 추구했다. 모양과 색이 다른 순계의 완두 변종을 교배하고 그 잡종 형질을 A, a, B, b로 표시했다. 이 잡종 종자를 재배하여 모두 556개의 종자를 얻었는데, 양친형뿐만 아니라 그들이 조합된 종자도 있었다. 실험 결과 얻은 표현형은 다음과 같았다.

· 원형에 황색인 것, 315개
· 각형에 황색인 것, 101개
· 원형에 녹색인 것, 108개
· 각형에 녹색인 것, 32개

이 결과를 〈그림 3〉에 설명했다. 멘델은 잡종(F_1) 종자가 모두 원형이며 황색인 것을 발견하고도 놀라지 않았다. 왜냐하면 그는 한 쌍의 형질에 관한 먼젓번 실험에서 비슷한 경우를 관찰했기 때문이다.

그림은 잡종의 자손에서 나타나는 대립 유전자의 16가지 조합을 보여 주고 있다. 그중 9개는 서로 다르게 조성되어 있다. 다시 말하면 서로 다른 유전자형을 나타낸다. 이들 중에서 AABB와 aabb는 어버이의 형과 일치하고, AAbb와 aaBB는 어버이의 형질이 조합된 장기판의 맨 위 왼쪽에서 맨 아래 오른쪽까지 대각선을 그은 자리에 존재한다. 이 대각선상에 위치한 넷은 잡종 자손에서 볼 수 있는 4종류의 다른 표현형을 나타내며 다른 모든 조합도 표현형은 이에 속한다. 16개의 조합 중 9개는 원형이며 황색인 종자이고, 3개는 원형 녹색, 3개는 각형 황색, 그리고 1개는 각형 녹색이다. 이것은 멘델의 실험 결과에서 나타난 9:3:3:1의 이론적인 비율이다. 멘델은 이를 두 개의 간단한 조합으로 표현했다.

AA + 2Aa + aa

BB + 2Bb + bb

그 결과 아래와 같은 일련의 조합이 생긴다.

AABB + AAbb + aaBB + aabb + 2AABb + 2aaBb + 2AaBB + 2Aabb + 4AaBb

유사한 방법으로 멘델은, 3종의 대립 형질이 조합될 경우 (종자의 모양이 원형과 각형, 색깔이 황색과 녹색, 그리고 흰색에

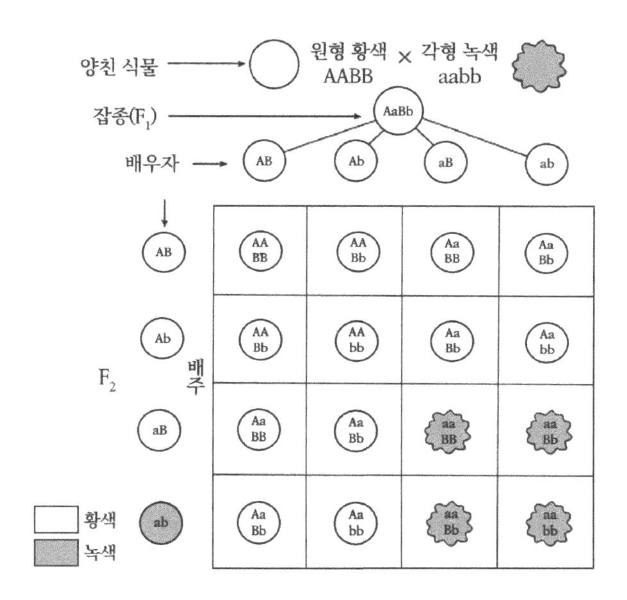

〈그림 3〉 양성 잡종 교배의 결과(즉, 두 종의 독립된 대립 형질을 갖는 개체 간의 교배)를 수적인 비율(원형-황색9:각형-황색3:원형-녹색3:각형-녹색1)로 보여 주고 있다

대한 갈색과 백색의 종자 껍질)에 대해서도 설명했다. 그는 이 실험에 많은 시간과 노력을 할애해야만 했다. 식물의 개개 형질은 반복되는 수정 과정을 통해 유전자의 조합 법칙에 따라 일정한 비율로 나타난다고 그는 결론지었다. 마침내 그는 실제로 완두에서 그가 연구한 7종의 모든 대립 형질이 조합된, 이론적으로 가능한 모든 개체를 얻었다고 덧붙여 말했다. 그것은 무려 2^7인 128가지에 달했다.

멘델의 꿈은 물리학자가 하듯이 그의 학설을 수학적으로

설명하는 데 있었다. 만일 n을 양친에서 볼 수 있는 뚜렷한 형질의 종류라고 한다면, 3^n은 조합의 종류 수, 4^n은 조합에 포함된 개체 수, 2^n은 일정하게 유지되는 조합의 수라고 그는 썼다. 〈그림 3〉에서 보는 바와 같이 4^2의 조합 시리즈에서 3^2의 유전자형을 얻을 수 있고 거기서 2^2의 표현형을 얻을 수 있다. 현대 유전학은 유전학 연구에 도입된 멘델의 수학적 표현으로 유전학 실험을 설계하고 형질의 새로운 조합의 출현을 예측하는 방법을 확립했다. 몇 가지 형질의 무작위적인 조합에 대한 멘델의 설명은 멘델의 독립 유전 법칙으로 알려져 있다.

멘델은 그의 두 번째 강연에서 상대적으로 적은 수의 식물체를 이용한 실험 결과들을 발표했다. 이 실험은 잡종의 종자와 꽃가루 세포의 구성에 초점을 두어 계획했던 것이었다. 그는 이전에 한 쌍, 두 쌍 그리고 세 쌍의 서로 다른 형질을 갖는 식물체들로 실험한 결과를, 당시 논쟁이 일고 있던 '어떻게 식물이 수정되며', '어떻게 배아가 형성되는가?'에 연관시켜 고찰했다. 여기서 그는 당시 생물학에서 주목을 받기 시작했던 세포설을 도입하여 설명했다. 앞 장에서도 언급했듯이, 세포설에 관한 논의는 멘델이 빈에서 공부할 무렵에 절정을 이루었다. 1855년 조류(바닷말)에서 두 가지 형태의 개체가 배아의 형성에 관여한다는 사실이 밝혀졌다. 멘델이 그의 실험을 끝낼 무렵에도 알세포와의 수정을 위해 한 개 또는 그 이상의 꽃가루들이 필요한지는 여전히 불확실했으나, 배

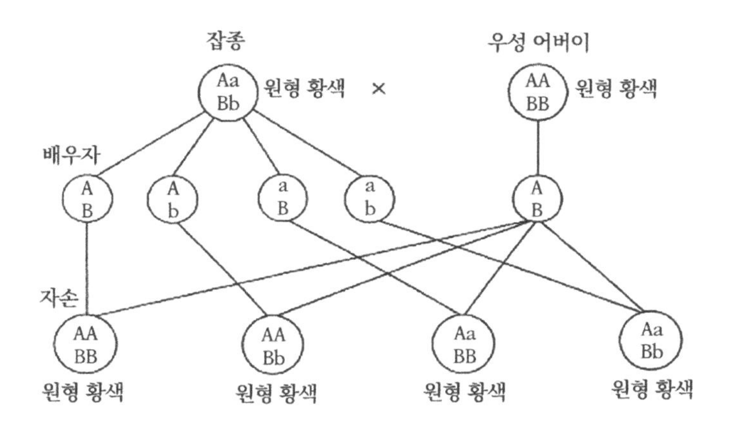

〈그림 4〉 (a) 우성 어버이와 잡종 사이의 역교배

형성을 설명하는 이론은 고등 식물에까지 확장되어 있었다. 멘델은 그의 이론을 정립하는 데 필요한 유전 형질 전달이라는 개념의 선결 과제인 이 질문에 관해서 매우 정확한 가설을 채택했다.

첫째, 멘델은 우성 형질을 가지는 AABB 식물체에 열성 형질을 가지는 aabb 식물체의 꽃가루를 인공적으로 수분시켜 AaBb 잡종 식물체를 얻어 내는 실험에 대해 서술했다. 반대로 이 두 동형 접합체를 잡종 식물체의 꽃가루와 수분시키는 실험에 대해서도 기술했다. 이 실험 결과는 〈그림 4〉의 (a)에 나타나 있다. 멘델이 잡종형과 우성 동형 접합체를 교배시켰을 때 그가 기대했던 대로 열성 형질의 분리가 없이 우성 형질을 가지는 식물체들만이 나왔다. 그러나 그는 잡종을 열성

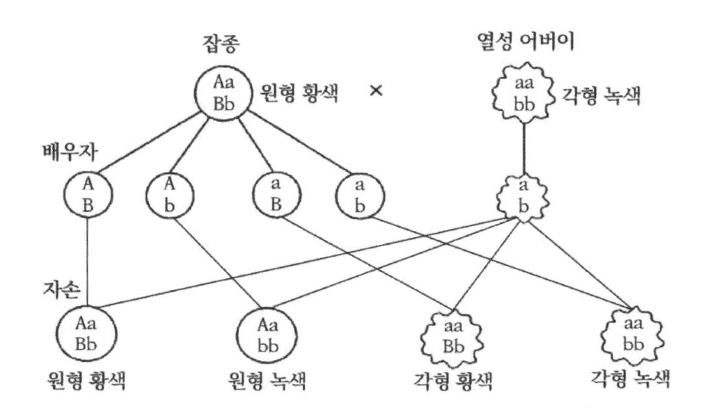

〈그림 4〉 (b) 열성 어버이와 잡종 사이의 역교배

동형 접합체와 교배했을 때, 잡종 유전자형에 포함된 모든 형질들이 1:1:1:1로 분리됨을 알아냈다. 멘델은 한 형질은 열성 동형 접합체, 다른 형질은 이형 접합체로 서로 상반되는 유전자형을 가진 식물체를 교배시키는 더 정확한 실험을 통해 이 결과들을 확인했는데 분리비는 역시 1:1:1:1이었다(〈그림 4〉의 (b)).

멘델은 이 실험에서 형질의 쌍에 관하여 그가 얻은 결과를 더 확실하게 증명했다고 믿었다. 그는 그의 논문 중 '잡종 식물들의 생식 세포'라는 장에서 다음과 같이 결론지었다.

"잡종 개체를 지배하는 서로 다른 형질들의 조합 법칙이란 잡종 식물체가 동수의 배주 세포나 꽃가루 세포를 만들고, 수정에 의해 다시 모인 형질들은 조합에 의해 각각 특정한 형태의 잡종 식물체로 발현한다는 사실에 근거를 둔다.”

이러한 결론이 무엇을 의미하는지는 식물 수정 원리에 대한 연구 결과를 설명한 멘델 논문의 마지막 장에서 더욱 명백히 드러난다. 멘델은 그가 이름을 밝히지 않은 유명한 발생학자의 견해에 따라 “번식을 목적으로 한 개의 꽃가루 세포와 한 개의 배낭 세포가 꽃에서 결합하여 하나의 새로운 세포로 융합되고, 다시 독립적인 개체가 되는 능력을 가지는 한 개의 세포가 된다”라고 설명했다. 사실, 멘델은 한 개의 꽃가루만이 알세포와 수정한다는 발생학자의 간접적인 증명을 받아들였다. 이것은 20년 후에 현미경을 이용한 관찰에서 증명되었다. 멘델은 각주에서 “잡종의 자손에서 양 부모를 닮은 개체가 같은 수로 나타나는 현상을 어떻게 설명할 수 있는가?”라고 했다.

멘델은 실험 결과를 바탕으로 한 세대에서 다음 세대로 형질을 전달하는 데 관여하는 결정 인자의 존재를 수정 과정과 연계시켜 설명하려고 했다. 그는 이 결정 인자를 잠재적 형성 인자들(Potentially Formative Elements)이라 표현했다. 현재 우리는 이것을 유전의 단위인 ‘유전자’라고 부른다. 멘델은 물리적 원리를 설명할 수는 없었지만, “이 과정은 일정한 법칙을 따르며, 또한 생명의 단위체로서 세포에서 만난 인자들의 물리적 구성과 배열에 바탕을 두고 있다”라고 말했다. 따라서 멘델은 유전의 기초적 이론을 공식화했고, 후에 이 이론은 절대적으로 옳다고 인정되어 폭넓게 수용되었다.

멘델의 연구에 관한 출판물은 잡종 식물체들의 생식 세포들을 다룬 멘델의 두 번째 연구 부분을 과소평가했다. 멘델 자신은 그 실험이 그의 이론을 확고하게 지지해 주는 증거라고 생각했고, 그는 논문에서 특별히 반복하여 이들의 중요성을 강조했다. 후에 네겔리에게 보낸 편지에서 멘델은 그에게, AABb, AaBB, AaBb의 유전자형을 가진 식물체와 aabb의 유전자형을 가진 식물체의 꽃가루를 이용해 유사한 교배 실험을 해 볼 것을 제안했다. 멘델은 네겔리에게 필요한 종자도 제공했으나, 네겔리는 멘델이 결과를 검증하기 위해 했던 이 제안을 거절했다.

멘델의 강연은 브르노의 박물학자들에게 잘 받아들여졌으나 이를 기억하는 사람은 드문 것 같다. 학술 잡지 『노이히카이텐(Neuigkeiten)』은 멘델이 "유연 종들 간에 꽃가루를 옮겨주는 인위적인 수분을 통하여 얻는 식물 잡종에 관한, 분명히 식물학자들에게 매우 흥미로운 긴 강의"를 했다고 보도했다. 이 잡지는 멘델이 "잡종은 생식이 가능하지만 항상 안정하지는 않아서 자손들이 부모의 형태로 되돌아가려는 경향을 가지며, 이 경향은 원래의 부모형인 식물체의 꽃가루와 반복된 수정을 통해 촉진될 수 있음"을 보여 주었다고 덧붙였다. 결론적으로 잡종 식물체에 나타나는 형질들 사이에는 '뚜렷한' 수적인 비가 있다는 것을 더욱 강조했다. 또한 그날의 강연에 대한 청중의 반응은 좋았으며 강연 주제의 선정과 전달은 성공적이었다고 보도했다. 이 잡지는 세포의 형성, 수정 및 일반적인 종자의 형성과 특히 잡종의 종자 형성에 관한 멘델의 두 번째 보고서를 그해 3월에 게재했다. 이 잡지는 멘델의 실험이 매우 주의 깊게 수행된 점을 강조했고, 아울러 다른 식물로 수행한 실험도 언급했다. 만족할 만한 실험 결과에 용기를 얻어 멘델은 잡종 실험을 계속했으며 실험 결과들을 계속 보고했다.

멘델이 강연할 때 좌장은 두 번 다 이미 1862년에 자연 상태에서 잡종 식물체의 존재를 언급했던 타이머(Theimer)가 담당했다. 멘델의 두 번째 강연 말미에, 자연과학협회의 간사이며 식물학에 관심이 있는 기술대학의 측지학자인 니슬은 현미경을 이용하여 균류, 이끼류와 조류에서 잡종 번식을 관찰했다고 덧붙이면서, "이 분야에 대한 좀 더 깊은 연구는 기존 가설을 증명할 뿐 아니라 흥미로운 설명을 제공할 것"이라고 했다.

1865년 멘델의 브르노 강연은 매우 흥미를 끌었다. 그러나 어느 참가자도 멘델 학설의 진정한 의미를 알지 못했고, 멘델의 실험을 주시하거나 다른 식물체로 유사한 실험을 시도하지도 않았다. 아마도 브르노에 있던 다른 박물학자들은 정원이나 온실이 없었거나, 그렇게 큰 규모로 실험을 수행할 시간적 여유가 없었던 모양이다.

다른 식물로 수행한 실험들

완두콩 논문에는 강낭콩을 재료로 한 멘델의 실험이 간단하게 언급되어 있다. 이 논문은 완두콩에서 확립한 법칙이 다른 식물의 잡종에도 적용 가능한지를 밝히기 위한 것이었다. 멘델은 식물의 키, 익은 콩깍지의 모양, 꽃과 미성숙한 콩꼬투리의 색깔이 서로 다른 강낭콩 품종들을 교배했다. 생식력의 차이에 따른 식물 개체 수의 제약은 있었지만 앞의 두 형질의 경우, 멘델은 '잡종의 생성은 완두콩과 동일한 법칙을 따른다'라는 결론을 얻을 수 있었다. 진홍색 꽃을 가진 강낭콩 간의 잡종 자손에서 부모의 꽃보다 덜 진한 진홍색 꽃이 피었으나, 흰색은 변화 없이 다시 나타났다. 잡종 중 나머지는 진홍색에서 옅은 보라색의 변이를 나타내는 꽃을 피웠다. 미성숙한 종자의 꼬투리들도 비슷한 범위의 색깔 변이를 보였다.

멘델은 이 복잡함에 낙담하기는커녕, 가설을 창조하는 그의 능력을 다시 한번 과시했다. 이 현상은 멘델이 기록했듯이, 만약 꽃과 종자의 색깔이 식물체의 다른 특정 형질들처럼 독립적으로 행동하는 두 개 또는 그 이상의 독립적인 요인으로 구성된다면, 완두콩에서 얻은 법칙으로 설명이 가능하다. 그의 생각은 확실히 옳았다. 멘델은 원래의 발상에 집착하여 동일한 수학적 공식에 기초한 복잡한 색채의 유전 설명에 착수했다. 멘델은 우성인 진홍색 빛깔은 두 개의 색깔인 A1과 A2로 구성되었으며, 이 인자들은 같이 존재하여 진홍색을 낸다고 제안했다. 열성인 흰색과의 교배 결과 얻은 잡종들은 유전자형이 A1a+A2a가 되어, 이것을 심었을 경우는 다음 식과 같다.

A1 + 2A1a + a

A2 + 2A2a + a

A1과 A2는 각각 다른 조합을 만들고, 이렇게 만들어진 조합은 여러 가지 색깔을 만들 수 있는 원인이 된다. 이 이론은 이를 실증할 만한 자료가 부족했기 때문에 멘델 자신도 '단순한 가정'에 불과하다고 주석을 달았다. 멘델은 다시 한 번 꽃의 색에 대하여 유사한 실험을 수행할 것을 제안했다. 그는 "이런 접근을 통해 화훼식물들에게서 매우 다양한 색채가 나타나는 현상을 이해할 수 있다"라는 가능성을 제시했다. 멘델은 또한 환경이 식물 형질의 변이에 영향을 미칠 수 있다는 일반적이고 이론적인 의견을 제시했다. 식물체들을 재배할 때 종들의 안정성이 흔들리거나 심지어 파괴된다는 의견이 종종 발표되고 있음을 알고, 멘델은 "야생 상태와 정원에 있는 식물체의 형성이 서로 다른 법칙에 의해 지배되지는 않을 것"이라고 단호하게 말했다. 여러 가지 실험적인 경험으로 미루어 볼 때, 재배 식물의 대부분은 재배되어 오는 과정에서 수많은 품종 간의 교잡을 거쳐 육종된 것이므로 형질의 발현이 매우 복잡할 것이라고 멘델은 생각했다. 따라서 그는 여러 종의 색깔을 지배하는 독립적인 형질들의 조합을 통해 재배 식물의 색깔이 지배된다고 확신하게 되었다.

1865년 이후 멘델은 몇 가지 다른 식물에 대한 유전 실험을 계속했다. 이에 관한 상세한 자료를 멘델은 네겔리에게 편지로 전하곤 했다. 네겔리는 분류학적인 입장에서 식물 잡종에 대한 해박한 여러 편의 논문을 발표했고, 나중에는 다윈의 영향을 받아 잡종 식물체의 진화적 측면을 연구한 바 있다. 네겔리는 멘델과의 서신 교환을 통해 그 당시 관심의 초점이 되었던 조밥나물의 잡종에 특별한 흥미를 가졌다. 처음에 그는 멘델의 연구 결과를 과소평가했던 것으로 보인다. 그러나 후에 네겔리는 그의 견해를 바꾸었다. 멘델이 그에게 편지를 쓸 때, 네겔리의 공식 명칭을 '매우 존경하는 선생님'에서 '매우 존경하는 친구'로 바꾼 것에 우리는 주목할 필요가 있다. 서신 왕래에 나타난 태도 변화는 네겔리가 1870년 4월 27일 편지의 맺음말에 쓴 "나는 당신과 같이 훌륭한 학문적 동료를 발견한 것이 진실로 나 자신에게 행운이라 생각한다"라는 표현으로 확실하게 입증된다.

완두콩 연구에서 멘델은 잡종의 형질이 분리되는 것을 확인하고 이러한 잡종을 '변이 잡종'이라고 불렀다. 그러나 멘델은 예외적인 잡종형, 즉 석죽과의 것과 같이 분리가 일어나지 않는 형도 있다는 당시 육종가들의 견해를 인정하기로 했다. 두 번째 강연에서 멘델은 "다른 식물들의 잡종 실험에서도 그 결과가 완두와 일치하는지는 실험으로 확인되어야 한다"고 주장했다. 멘델은 그의 이론을 확고히 입증하기 위하여 14속의 다른 식물에 대해 실험했다.

1869년 멘델은 자라난화, 옥수수, 분꽃을 이용한 실험을 끝마쳤고, 네겔리에게 보낸 여덟 번째 편지에서 이들의 잡종이 완두콩의 잡종에서와 마찬가지로 형질의 분리가 일어난다고 기술했다. 자라난화의 36가지 변종을 이용한 실험에서 멘델은 강낭콩보다 더욱 복잡한 꽃의 색깔이 표현되는 것을 보았고, 다시 완두콩에 비유하여 이 현상을 더욱 복잡한 조합의 결과로 설명하고자 했다. 암수 이주(암수딴그루: 암수 식물체가 구별됨)인 동자꽃을 이용한 실험에서 멘델은 또 다른 주목할 만한 현상을 관찰했다. 멘델은 잡종 자손에서 성(암, 수)에 따른 분리를 관찰했고, 이 현상 역시 형질의 전달 과정과 같은 기초 위에서 설명하고자 했다. 그러나 세기가 바뀌고 나서야 비로소 식물체에서의 유전적 성 결정 현상을 이해하게 되었다.

조밥나물로부터 얻은 결과

멘델은 잡종 식물체의 기원과 형성에 관한 법칙을 완두와 다른 식물체의 실험을 통해 설명하려고 한 반면, 조밥나물(국화과)을 이용한 실험에서는 변이를 보이지 않고 유지되는 일부 잡종 식물체의 현상을 설명하고자 했다. 멘델은 이 문제를 완두에 관한 논문의 끝부분에 간략하게 언급했으나, 1865년 당시에 이러한 잡종 식물체에 관해 이미 발표된 것 이상은 설명할 수가 없었다. 그럼에도 그는 서로 다른 인자들이 일시적 혹은 영구적으로 결합되어 있으리라는 가설을 제시하며 설명해 보려 했다. 그러나 멘델은 "잡종 식물체의 불분리 현상을 서로 다른 인자들의 일시적 또는 영구적인 연관과 관련시키려는 시도는, 구체적인 자료가 없기 때문에 어느 정도의

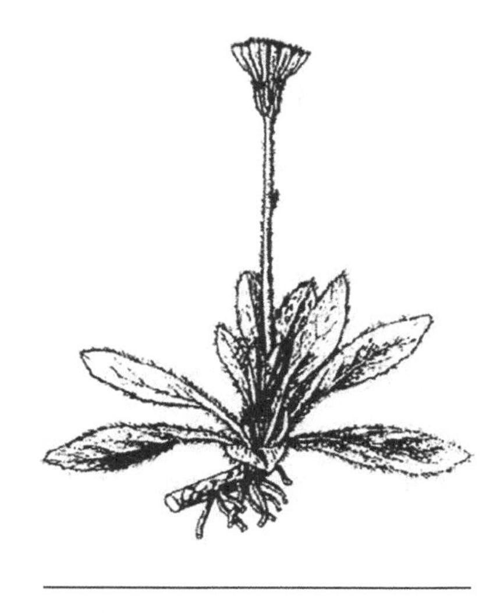

멘델이 마지막 실험에 사용한 조밥나물

융통성을 갖는 가설로서만 가치가 있을 것이다"라고 조심스럽게 주석을 달았다.

1867년 말에 멘델은 변이를 보이지 않는 잡종 식물체의 존재에 관한 의문을 확실하게 밝히기 위해 조밥나물, 뱀무 그리고 현삼과 식물을 재료로 한 실험 결과를 초조하게 기다리고 있었다. 멘델은 게르트너가 변이가 없다고 표현한 뱀무 잡종의 자손에서 "꽃의 크기에 약간의 변이가 나타난다"라고 기술했다. 멘델은 이미 발표된 자료를 더 이상 믿지 않았다. 마침내 멘델은 조밥나물을 사용하여 변이를 보이지 않는 잡종 식물체의 연구에 전념하기로 결심했다. 완두를 이용한 실험에서는 같은 종의 다른 형질을 이용한 반면에, 조밥나물을 이용

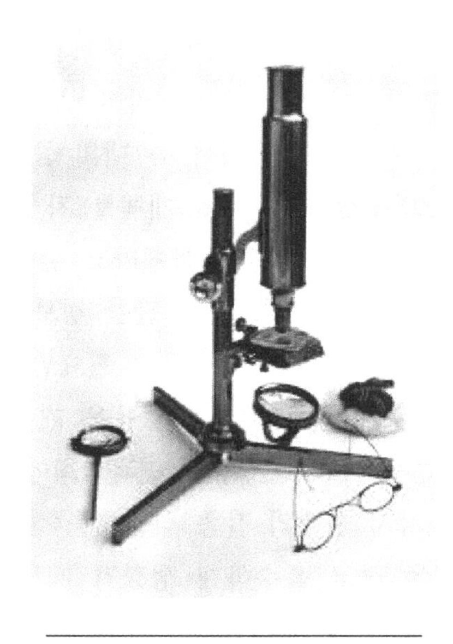

멘델이 사용했던 현미경과 그의 안경

한 실험은 같은 속에 속한 서로 다른 종 사이의 교배를 통해 얻어 낸 속 수준의 연구였다. 조밥나물 실험은 멘델에게 완두 실험만큼 중요한 실험이었다. 조밥나물의 작은 꽃을 인위적으로 수분시키는 기술은 대단히 어려운 것이어서, 멘델은 이에 관하여 네겔리에게 조언을 청했다. 그러나 네겔리는 그런 종류의 실험을 수행한 경험이 없었기 때문에 아무런 조언도 해 줄 수가 없었고, 마침내 멘델이 성공하자 네겔리는 그에게 칭찬을 아끼지 않았다.

양친의 중간 형태를 보이는 조밥나물의 잡종 식물체가 많다는 것은 연구자들의 흥미를 끌기에 충분했고, 일부 식물체에서는 증명되지 않았지만 종간 잡종이라고 생각되었다. 멘델은 분류, 진화, 생리학적인 관점에서 속 내의 종간 잡종 식물체의 존재에 관해 연구했고, 각각의 개체를 자세하게 조사해 본 결과 적어도 한 개체는 잡종 식물체라고 판단했다. 1867년 멘델은 네겔리에게 잡종 식물체에 관한 정보를 제공할 수 있었으나, 그는 곧 더욱 포괄적인 연구가 필요한 수정 원리에 관한 매우 복잡한 문제에 직면하게 되었음을 깨달았다.

멘델은 그의 발견을 1869년 7월 자연과학회에서 보고했다. 그는 여기서 여섯 가지 형태의 잡종 식물체를 설명하면서, 조밥나물의 꽃이 매우 작고 특수하게 생겼기 때문에 인위적인 수분이 대단히 어려웠음을 피력했다. 멘델은 다른 종의 식물에서 발견한 법칙이 조밥나물에도 적용되는지를 실험적으로 증명할 필요가 있다고 강조했다. 멘델은 완두의 자손과는 달리 조밥나물의 잡종 식물체는 균일하지 않았으며 잡종의 자손도 변화가 많음을 인정할 수밖에 없었고, 심지어 "이제까지의 실험 결과에 의하면 조밥나물에서는 정반대의 현상이 나타나고 있다"라고 말할 정도였다. 그때까지도 멘델은 출판된 강의 교재에서 그 당시 시작한 실험에 관하여 설명하기 망설여졌다고 실토했으나, 여러 해가 소요되는 계획된 실험을 수행하기 위해 예비 실험의 결과를 무시하기로 결정했다.

조밥나물을 이용한 실험은 매우 정확한 것이었으며, 멘델은 모순되는 듯한 결과에 직면해서도 주도면밀하게 그의 이론을 계속 발전시켰다. 조밥나물의 인공 수분에는 돋보기와 조명이 필요했고, 1870년 6월에 멘델은 시력이 약화되어 실험을 중단할 수밖에 없었다고 불평했다. 후에 멘델은 수도원장의 직책을 맡았기 때문에 더 이상 실험을 수행할 수가 없었다. 멘델은 이러한 상황 변화에 대단히 낙담했음을 네겔리에게 토로했다.

조밥나물을 이용한 실험을 더욱 어렵게 한 것은 후에 무성생식이라고 불린 희귀한 현상이었다. 조밥나물에서 발견된 이 예외적인 생식 형태는 멘델이 예상하지 못한 현상이었고, 이 현상은 1903년까지도 설명되지 못했다. 그러나 결국 멘델은 잡종 식물체를 얻었고 꾸준한 관찰을 통해 조밥나물의 자손에서 유전 형질의 분리를 관찰할 수 있었다. 멘델은 각 잡종 형질은 두 부모 형질의 범위 안에서 다른 변이 정도를 나타내는 많은 수의 변이체들에게서 나타난다고 결론을 내렸고, “아마도 다른 형질을 나타내는 변이 식물체는 모든 가능한 조합의 경우에서 나타날 수 있다”라고 했다. 이 결론으로부터 멘델은 조밥나물의 실험 결과는 완두의 실험에서 나온 이론과 일치한다고 했다. 그러나 이 경우는 강낭콩이나 자라난화의 실험에서 추측한 것보다 더 복잡한 것이었다. 남아 있는 멘델의 메모 중 일부에는 “조밥나물의 변이는 매우 복잡한 현상이었기 때문에, 실험에 사용된 식물체의 수가 적고 꽃의 크기가 작아서 유전 형질의 분리를 관찰할 수 있으리라는 기대를 거의 갖지 않았다”라고 적혀 있다.

후에 멘델은 조밥나물을 재료로 한 연구에서 이들의 잡종이 왜 낮은 수정률을 보이는지 밝히기 위해 온 힘을 기울였다. 멘델은 "부모의 꽃가루가 잡종 식물체의 꽃가루보다 더 수정이 잘된다"라는 게르트너의 견해를 인용했고, 연구를 통해 수정 능력에 큰 차이가 있음을 발견했다. 멘델은 잡종 식물체가 수정이 불가능한 것은 그 꽃가루가 배주와 수정할 수 있는 능력이 없기 때문이라 추측했으나, 잡종 식물체의 배주는 다른 개체의 꽃가루와 수정이 가능했다. 이와 관련하여 멘델은 '성적 약화' 또는 '완전한 불임성'에 환경 조건이 미치는 영향에 관해 언급했다. 1873년 11월 네겔리에게 보낸 마지막 편지에서 멘델은 "조밥나물 잡종 식물체의 자연적인 출현은 일시적인 교란 현상 때문이며, 이것이 자주 반복되거나 지속된다면 교배를 했던 종은 사라지게 되는 반면에 잘 분화된 다른 자손들은 환경에 잘 적응하여 생존 경쟁에서 살아남을 것이고, 교배에 의한 소멸의 운명이 식물체를 덮칠 때까지 오랜 세월 동안 존재할 것이다"라고 간략하게 언급하고 있다.

1900년 이후에 멘델의 친구인 니슬은 멘델과 실험 포장에서 같이 논의한 바 있었던 조밥나물 실험에 관해 언급하면서 "나의 시대는 올 것이다"라는 멘델의 말을 회고했다. 그는 만년에 멘델의 교배 실험은 옳았고 다른 학자들도 반드시 같은 결론에 도달할 것이라고 믿고 있었다.

세기가 바뀐 후에야 비로소 멘델의 연구는 과학사의 한 장을 장식했다. 완두와 조밥나물에 관한 두 가지 출판물이 바로 그것이었다. 멘델이 네겔리에게 보낸 편지로부터 그의 다른 실험이 알려진 것은 그로부터도 훨씬 뒤의 일이다. 과학자들은 멘델이 네겔리를 납득시키는 데는 실패했지만, 그의 서신을 출판했더라면 분명히 그 시대의 사람들은 식물 교배에 관한 그의 연구에 더욱 흥미를 느꼈을 것이라고 결론지었다.

진화적 측면

멘델이 진화를 어떻게 이해했고 다윈의 학설에 대해 어떠한 태도를 취했는지는 흥미로운 문제이다. 이에 관한 대답은 경우에 따라 멘델이 진화에 대한 다윈의 개념을 완전히 수용했다는 주장으로부터, 다윈의 이론을 전적으로 부인했다는 주장에 이르기까지 다양하다. 따라서 멘델의 입장을 공평하게 설명하기 위해서는 자연과학의 역사적 발전을 고려해야 한다.

철학자들의 사색에서 과학자들의 고찰에 이르기까지 진화에 대한 다양한 학설들이 19세기 중엽에 발표되었다. 수도원에서 멘델은 철학 연구에 자연과학적 지식을 응용한 브라트라네크와 클라첼을 알게 되었다. 그 두 수도승은 헤겔(Hegel)의 사상을 역사학에 도입하는 일에 흥미를 가지고 있었다. 클라첼은 점진적인 발달 과정에 관한 헤겔 철학의 개념에 심취해 있었다. 그는 자연 현상의 발달에서 각 단계는 절대정신의 한 단계를 나타낸다고 주장했다.

클라첼은 그의 철학적 견해를 공고히 하기 위하여 자연과학적인 예를 들었다. 즉, 그는 자연사에서 그의 철학에 대한 증거를 찾았다. 이러한 이유로 클라첼은 멘델이 수도원에 들어간 해인 1843년에 간단한 식물의 교배 실험을 수행했으며, 따라서 그를 통해 멘델이 자연의 모든 현상은 힘에 의해 일어난다는 '역본설'에 관한 개념에 친숙해졌으리라 짐작할 수 있다. 클라첼은 자연을 연속적인 발달 과정으로 보았으며, 이를 나타내는 체코어 'Priroda'를 '유동 중인 자연(Nature in Flux)'이라는 의미를 갖는 'Preroda'로 바꿀 것을 권고했다.

1850년에 쓴 지질학에 관한 논문에서 멘델은 그가 자연의 진화에 관한 라이엘(Lyell)의 생각을 잘 알고 있었음을 보여주었다. 그는 여기서 "화산과 대양의 형성은 아직 미완성이다. 이는 지구의 창조적 에너지가 아직 활동 중에 있기 때문이며, 불꽃이 타오르고 대기가 움직이는 한 창조의 역사는 끝난 것이 아니다"라고 썼다. 또 생명체의 진화에 관해서는 "식물과 동물의 생활은 점점 풍부하게 발전하고 오래된 생명체들의 일부는 소멸되고 더욱 완벽한 생명체로 대치된다"라고 언급했다. 또한 이 논문에는 "지구가 생명체의 형성과 유지에 필요한 조건을 갖추었을 때 가장 하등한 최초의 식물과 동물이 출현했다"라는 생명의 기원에 관한 생각도 담겨 있다. 멘델은 아마도 수도원의 도서관에 소장되어 있던 슐라이덴의 저서 『식물과 식물의 일생』에 나오는 이러한 내용을 읽었을 것이다.

대학에 있는 동안에 멘델은 웅거의 강의를 통해 진화에 관한 사상을 접하게 되었다. 웅거는 종의 불변성을 부정하고 식

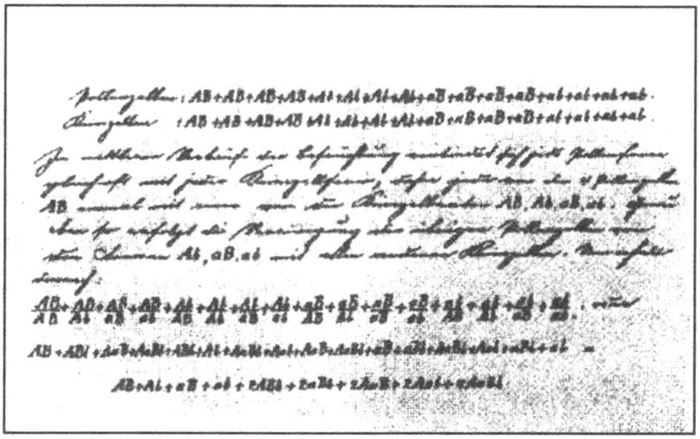

완두의 교배 실험 결과를 정리한 멘델의 실험 노트

물 교배에 관한 연구를 옹호했다. 이는 형질, 특히 종의 형성과 다양성의 기초를 이루는 원리를 밝히기 위함이었다. 웅거는 비록 외부 환경이 식물 형태를 변형시킨다고 해도 식물 형태의 기원은 식물체 내에서 찾아야 한다고 믿었다. 이것이 바로 멘델이 찾고 있었던 변이의 내부 요인이었다. 다윈 이전 시기에 진화에 관한 또 다른 쟁점은 생식 과정에 관한 풀리지 않는 의문점이었으며, 이 의문은 멘델의 연구 방향이기도 했다.

자연과학협회 농업 분과 위원회의 간사인 슈비펠(Schwippel)이 1861년에 다윈의 저서에 관하여 간략한 보고를 한 바가 있었으나, 멘델은 1865년 1월경에 마코프스키(Makowsky)의 강의를 통해 다윈의 이름을 처음으로 접했음이 틀림없다. 멘델은 1865년에 간행된 다윈의 『종의 기원』 독일어 번역본을 읽었고 이 밖에 다윈이 쓴 다른 저술의 독일어 번역본도 읽었다. 멘델이 그의 실험과 관계된 부분을 얼마나 주의 깊게 읽었는지는 책의 여백에 적어 놓은 메모를 보면 알 수 있다. 다윈은 지금까지 생각했던 것보다도 자연의 발달 과정을 더 포괄적으로 이해한 자연과학자였다. 그는 자연을 전체적으로 파악했고, 가장 하등한 유기체로부터 가장 고등한 생명체인 인간에 이르는 생물의 진화를 설명하려고 노력했다. 모든 생물은 형질의 다양성을 보이며, 다윈은 이러한 생물의 다양성을 다양한 환경에 대한 생물의 반응이라고 생각했다. 자연적으로 나타나는 변종들 중 일부는 현존하는 조건에 더 잘 적응하게 되고 덜 적응한 변종에 비해서 많은 수의 자손을 퍼뜨린다. 다윈은 진화란 이미 존재하고 있던 형태와는 약간의 차이가 있는 새로운 형태의 출현을 통해 이루어진다고 했다. 자연은 좀 더 잘 적응된 형질을 가진 생물에 유리하게 작용한다. 다윈은 변이에 유전 현상이 관여한다는 사실을 알고 있었으나 유전 현상을 지배하는 법칙은 전혀 알지 못했다.

멘델이 연구한 주제는 유전 현상을 지배하는 법칙을 밝히려는 것이었다. 멘델의 관심 분야는 다윈이 관심을 가졌던 분야에 비해 매우 좁았다. 멘델은 잡종의 기원과 형성의 문제를 설명하기 위해 노력하는 동시에 변종과 종의 기원에 대한 토론에도 참여했다. 그러나 멘델의 불연속 형질 개념은 형질의 작은 변이가 꾸준하게 일어나서 결국에는 새로운 종이 형성된다는 다윈의 연속 변이 개념과 상충되었다. 멘델은 종의 안정성에 관한 관념을 반박하면서, 이는 "종과 변종을 명확하게 구분하는 것과 종의 잡종과 변종의 잡종을 정확하게 구분하는 것"이 불가능하기 때문이라고 말했다. 멘델은 식물 잡종에 관한 연구가 종과 변종의 기원에 관한 문제를 해결하는 열쇠라고 믿었으며, 이런 이유로 멘델은 잡종의 기원에 미치는 환경의 영향을 부정했다.

멘델은 그의 완두콩 논문에서 식물 잡종 연구에 참여한 연구자의 이름만을 언급했다. 멘델은 유명한 생리학자들의 견해를 참고했다고 했으나 웅거의 이름조차 싣지 않았다. 따라서 멘델이 다윈의 이름을 언급하지 않았다는 것은 놀라운 일이 아니다. 다윈의 이름은 조밥나물의 변이에 관한 네겔리의 견해와 관련하여, 멘델이 1870년에 발표한 조밥나물의 실험 논문에서 비로소 언급되었다. 3년 후에 앞에서 언급한 바 있는 네겔리에게 보낸 66쪽에 달하는 서신에서, 멘델은 '생존 경쟁'이라는 다윈의 용어를 인용했고 이 개념을 사실로서 받아들였다. 다윈의 이론에 대한 멘델의 태도는 자연과학협회의 간사이며 후에도 수도원으로 멘델을 자주 찾아왔던 니슬이 잘 말해 주었다. 그는 멘델이 진화에 매우 흥미를 가지고 있었으며, 다윈 이론의 반박자는 아니었다고 말했다. 그러나 멘델은 "다윈 이론은 아직 불완전하다"라고 말했는데, 이는 다윈이 자연 선택에 작용하는 기초 위에서 변이성의 본질을 설명하지 못한 점을 의미하는 것 같다. 그렇지만 멘델이 다윈

성 토마스 수도원의 동료 신부들과 멘델(뒷줄 오른쪽에서 두 번째)

이론의 모든 원리를 어떤 의미로 이해했는지는 아무도 정확하게 알지 못한다.

생물학 연구의 혁신자

멘델이 그의 실험을 시작한 시기는 다윈의 진화론이 발표되기 이전이었다. 당시 박물학자들의 관심은 종의 변화 여부와 세포설에 기초한 최신 생물학 연구에 있었다. 그중 웅거는 이 방면의 선두주자였다. 그는 자연 상태에서 발생하는 변이로써 새로운 변종과 새로운 종의 형성이 가능하다고 믿었고 일종의 진화가 일어난다고 가정했다. 멘델이 실험을 시작했을 당시에 생물과학 분야는 방법론적인 혁신으로 들끓었으며, 종종 오류를 범하기도 하는 많은 가설이 발표되고 있었다. 네겔리는 새로운 방법은 새로운 발견을 유도하고, 새로운 발견은 또다시 새로운 방법의 개발을 촉진한다고 했다. 1863년에 피르호(Virchow)는 당시 박물학자들 사이에 나타났던 사고의 혼란에 대하여 다음과 같이 말했다.

"생물체를 다루는 모든 자연과학 분야는 마치 깊은 정치적 혼란에 직면한 나라와도 같아서, 어제까지 확신했던 사실에 대해서도 의문을 품게 되었고, 권위는 힘을 잃었으며 모든 것은 그들 스스로의 의향에 맡겨진 상태이다."

이와 같은 상태가 바로 멘델이 빈에서 돌아왔을 당시의 상황이었다. 하지만 멘델은 식물을 이용한 큰 규모의 실험을 통해 식물의 생활사에 관한 많은 정보를 얻을 수 있으리라 확신했으며 새로 얻은 지식을 그의 실험에 응용했다. 멘델은 그가 생물학 연구의 새로운 장을 개척했다고 확신했음에 틀림없다. 멘델은 그러한 확신 때문에 브르노에 있던 그의 동료들의 부족한 이해에도 실망하지 않았으며, 당시 가장 큰 영향력을 행사했던 네겔리의 의심에 대해서도 좌절하지 않았다. 멘델은 네겔리에게 보낸 그의 두 번째 편지에서 자신의 결과에 대한 냉대에 별로 신경 쓰지 않는다고 말했으며, 다른 사람들에 대해서도 신경 쓰지 않는다고 말했다. 하지만 멘델은 네겔리와 다른 어떤 사람도 자신의 실험을 반복하지 않은 점에 대해서는 유감스럽게 생각했다. 그리고 멘델은 그의 발견이 '당시의 과학 지식과 쉽게 양립하지 못할 것'임을 잘 알고 있었다. 멘델은 이와 같이 독자적으로 행하는 실험은 "두 배의 위험 부담이 있다"라고 말했다. 즉, 실험자 자신뿐만 아니라 그가 속해 있는 기관의 명예에도 위험 부담이 따른다고 피력했다. 이와 같은 고립 속에서도 그의 실험 동기를 이해한 사람이 있다면 단 한 사람, 수도원장인 나프였다. 그가 멘델의 초기 실험과 연구에 물심양면으로 도움을 준 것은 멘델에게 다행스러운 일이었다.

멘델의 연구 업적은 생식과 교배에 관한 최근의 중요한 발견들을 서로 통합하기 위해 관련이 없어 보이는 많은 분야를 섭렵한 데 있다. 이전에는 생물학 연구에서 누구도 행하지 못했던 연구 계획 수립을 가능하게 한 논리적인 연구 방법을 생각해 낸 것이다. 멘델은 실험을 가설의 검증과 증명을 통해 이론을 유도해 내는 방법이라고 생각했다. 다시 말해서 식물 교배가인 멘델이 실험으로 행한 귀납적인 작업은, 논리적으로 멘델이 세운 가설에 의한 연역적인 방법론과 서로 일치했다는 것이고, 그 결과는 유전 법칙의 발견이었다. 이후 멘델의 연구법은 같은 실험법에 의해 항상 같은 결과를 도출하는 물리학자들의 방법론을 적용하는 것이 주류였다. 그래서 멘델은 모라비아의 대학자인 코메니우스(Comenious)의 충고를 따랐다. 1668년에 코메니우스는 그가 계몽 시대의 선각자라고 부른 런던 왕립학회(Royal Society)의 회원들에게 다음의 원칙을 준수할 것을 권고했다.

"자연에 관한 실험은 완벽하고 확실히 믿을 수 있도록 수행되어야 하며, 어떤 사람이 단지 당신의 실험을 숙고해 보고 끝내는 것이 아니라 자신의 독자적인 방법으로 당신이 얻은 결과의 정확성을 검증한다면, 그는 당신이 얻어 낸 결과가 사실이라고 확신할 수 있다."

1900년대 이후에 완두콩을 이용한 실험이 영국과 다른 몇몇 나라에서 반복되었으며 멘델이 제시한 결과들이 사실로 밝혀졌다.

5
수도원장 시절의 갈등과 연구

1868년 5월에 멘델은 그가 수도원장으로 선출된 것에 대해서 네겔리에게 모종의 우려를 나타내는 서신을 보냈다. 그는 조밥나물의 종자를 보내 준 것에 대해서 감사했으며, 완두콩에서처럼 잡종을 얻어 몇 대에 걸쳐서 관찰하고 싶다고 말했다. 수도원장으로서 그는 가르치는 것을 포기하고 있었으나 자신의 과학적인 연구는 계속하고자 했다.

고향으로 보낸 편지에서 멘델은 수도원장으로 선출되기를 원했다고 했는데, 그 이유는 수도원장이 됨으로써 수반되는 교회와 사회에서의 지위는 물론, 상당한 수입 때문이었다. 그 수입으로 멘델은 누이동생 테레지아의 세 아들을 대학에 보낼 수 있었으며, 멘델은 이를 올로모우츠에서 어렵게 공부하던 시절에 동생이 보살펴 준 데 대한 적절한 보답이라고 여겼던 것 같다.

1848년을 제외하고는, 비교적 정치적으로 안정기였던 지난 43년간 나프가 맡아 왔던 직책을 멘델이 계승했다. 나프는 재임 기간 동안에 지방 의회 같은 공공 기관과 지식인의 모임뿐만 아니라 문화적, 사회적 조직체에서도 저명한 지위를 갖고 있었다. 멘델은 학식과 조직력 면에서 인정받고 있었으며, 성직자로서의 의무뿐만 아니라 다른 영역에서도 나프의 후계자로서 기대를 받았다.

수도원장 선출을 위한 투표가 막바지에 접어들었을 때 멘델을 제외한 다른 한 명의 후보자는 브라트라네크였는데 그는 크라쿠프(Cracow) 대학의 교수였으며 교수직을 포기하고 싶어 하지 않았다. 그 당시에 수도원에서는 체코인과 독일인의 수가 거의 같았다. 수도원장 후보로서 멘델의 가장 큰 장점은 그의 침착성과 온화한 태도였다. 멘델에 대한 지지 기반의 대부분은 고등학교 교사와 지식인층이었으며, 그는 마치 제2의 나프가 되는 것처럼 여겨졌다. 그러나 박물학자들에게 인기가 있었던 멘델의 개성이 그의 새로운 역할에는 장점이라기보다는 단점으로 드러났으며, 이러한 문제는 그 지역 사회의 내적 평온과 수도원의 경제적 사업에 영향을 미치게 되었다.

정치와 공직 생활

멘델은 중요한 정치적 변혁기에 수도원장직을 인계받았다. 그 전년도인 1867년에 합스부르크 제국은 오스트리아-헝가리 제국으로 전환되었다. 독일인과 헝가리인 지배 계층에는 동등한 권리가 부여되었으나 체코인과 같은 소수 민족의 문제는 미해결된 상태였다.

새로운 헌법하에서 여당은 자유당이었으며 독일인과 헝가리인들의 주도로 움직이고 있었다. 이들은 대토지를 소유한 영주와 고위 성직자들로 구성된 보수당의 반대를 받았다. 이 보수당은 독재 체제의 정치 지도자들과 운명을 같이하고 있었다. 새로운 정부는 수많은 개혁을 시도했다. 가족 문제에 관한 법적 논쟁의 재판권이 교회에서 국가로 이양되었으며, 국가는 교육에 관한 책임을 부여받았다. 이러한 개혁은 종교계의 반발을 불러일으켰다.

막대한 재산을 소유한 수도원장인 멘델은 지방 의회의 사절이기도 했다. 1870~1871년 의회 선거에서 그는 놀랍게도 의회파를 지지하고 나섰다. 모라비아에 거주하는 체코인 대다수는 의회파를 독일 국가주의의 실체로 간주했다. 성직자의 다른 대표자들은 나프 수도원장이 했던 것처럼 보수당을 지지했다. 1871년 9월, 의회당의 사절을 대신하여 의회에서 보수당의 한 의원을 선출하는 동안에 생겼던 비합법적 절차에 반대하는 항의문이 상정되었으며, 멘델은 이에 서명했다. 이는 보수당원과 브르노의 주교 관저에 이미 팽배해 있던 그에 대한 적대감을 가중시켰다.

멘델은 성 아우구스티누스(St. Augustinus)회의 체코인들에게 정적으로 여겨졌으며, 멘델의 정치적 성향은 그가 느꼈던 것보다도 훨씬 큰 결과를 초래했다. 멘델의 진보주의적인 정치 성향은, 그가 교육을 받을 때 개인적으로 극복하기 위해서 힘써 왔던 봉건주의의 잔재에 대한 비판적인 견해와 그의 출

1867년 나프 수도원장이 사망하자 그의 후임으로 멘델은 성 토마스 수도원의 새로운 수도원장이 되었다

신 계급에 의해서 자극을 받아 왔는지도 모른다. 더 큰 요인은 그가 14년간 가르쳐 왔던 인문 학교의 자유로운 분위기였다. 학교에서 멘델의 전임자였던 아우스피츠는 저명한 정치적 지위를 가지고 1870년 이래로 의회파에서 중요한 역할을 해 오고 있었다. 1872년 봄에 지방 장관이 국가 최고 훈위인 프란츠 요제프(Franz Josef) 훈장 후보자로 멘델을 지명한 것은 그의 제의에 의한 것이었다. 그 지명은 곧 확정되었다. 멘델의 정치적 역량과 이전에 인문 학교에서 교사로서 쌓은 훌륭한 경력이 훈장 수여의 이유였다.

수도원장으로 선출된 이후 멘델은 1868년 말에 자연과학협회 부회장으로 선출되었다. 그런 후 그의 활동은 농학회 회원으로서의 새로운 지위로 초점이 맞추어졌다. 그는 1872년부터 전임자인 나프와 같은 신임을 받게 되었다. 멘델은 나프가 이 협회에서 맡았던 조직자로서의 역할보다는 전문 자연과학자로서의 역할을 수행했다.

여러 위원회의 일원이 됨으로써 그는 연구를 하는 데 방해를 받았고, 자연과학협회의 모임에 점점 뜸하게 참석하게 되었다. 그는 농경에 대한 정부 지원금의 배분에 많은 시간을 할애했다. 그는 농산물 생산 보고서의 통계적 처리를 기획하는 직무를 맡고 있었으며, 통계적인 수단의 신뢰성 증진을 위해 정보 수집에 필요한 지원금의 증가를 주장했다. 전문적인 출판에 대한 그의 관심은 그로 하여금 관련된 주제에 대한 최근 출판물을 간단히 재정리하여 출판하도록 했다. 또한 그는 협회 잡지의 편집에도 손을 댔고, 수필이나 수상 작품에 대해 평도 써냈다.

농학회의 현존 기록에 의하면, 멘델은 그의 전문적인 지식으로 폭넓은 활동을 했던 것 같다. 수도원에 세금을 부과하려는 국가 권력에 대한 대항이 그를 고립시켰음에도 불구하고 협회에서 연속적으로 재선출될 수 있었던 것은 그의 전문적인 재능 때문이었으며, 그는 항상 필요한 다수를 확보하고 있었다. 1882년 그는 협회의 회장직을 제의받았으나 건강 악화를 이유로 사양했다.

저명한 원예학자

멘델은 식물 변종의 재배에 깊은 관심을 보였다. 그는 1859년 새로 얻은 호박의 변종을 전시했는데 그가 어떻게 이 변종을 얻었는지에 대해서는 자세하게 기록되어 있지 않다. 그는 그다음 해에 원예학회에 가입했다. 그는 이 협회에서 활발히 활동하고 있던 트브르디와 이미 협력하고 있었으며, 트브르디는 자주 멘델을 찾아와서 정원과 온실에 대해서 이야기하곤 했다. 1860년대에 브르노의 원예학자들은 화초 개량에 상당한 노력을 기울였다. 트브르디는 유럽 주요 도시들의 길가에서 볼 수 있는 수많은 화초의 변종을 만든 사람이다. 그는 특히 푸크시아(아프리카산 관상식물)의 재배자로서 자부심을 갖고 있었는데, 정치적 지도자나 자연과학자의 이름을 따서 갈릴레오(Galileo)니 훔볼트(Humboldt)니 하는 식으로 꽃의 이름을 붙이기를 좋아했다. 트브르디는 흥미롭게도 한 푸크시아 변종을 '진화'라고 명명했으며, 그가 가장 존경하는 과학자와 같이 일한 것에 대한 감사의 표시로 한 변종을 '성직자 멘델'이라고 명명했다.

멘델은 꽃을 육종하는 일에 큰 즐거움을 갖고 있었으며, 인공 수정에 의해서 새로운 색깔의 꽃을 얻을 수 있다는 게르트너의 식물 교잡에 관한 논문에 주목했다. 그는 나프가 이전에 했던 것처럼 포도의 선택적 교잡에도 관심이 깊었다. 그는 완두에 대한 실험에서 실질적인 결과를 얻기도 했으며, 그가 얻은 것 중의 한 종류는 요리에 꼭 필요했고 이것은 수도원의 정원에서 재배되었다.

원예에 대한 그의 노력 대부분은 유실수에 관한 것이었다. 사과와 배의 새로운 변종 생산으로, 그는 빈의 원예학회에서 메달을 받게 되었다. 1882년 브르노 품평회에서 배의 새로운 변종 육성으로 최우수상을 받은 익명의 출품자는 아마도 멘델이었을 것이다. 수도원의 정원사는 멘델의 재임 기간 중 500~600종의 배, 사과나무와 살구가 계속해서 성 토마스 수도원의 정원에서 재배되었다고 회상했다.

멘델이 쓴 과실 재배에 관한 기록들이 브르노에 남아 있으며, 일부 기록은 사과와 배의 다양한 잡종에 관해서 요약한 것이다. 이에 따르면, 멘델은 12개의 모계와 17개의 꽃가루 변종을 30종류의 조합으로 교배하려고 했다. 이 연구의 주된 목적은 좋지 않은 기후와 토양 조건에 대한 저항성과 맛을 결합하는 것이었다. 가장 맛있는 사과는 오직 따뜻한 기후와 기름진 땅에서만 얻을 수 있었다. 열악한 조건에서는 맛도 떨어졌다. 꽃가루 변종에서 얻은 것은 보통의 맛을 내는 사과였으며, 꽃이 늦게 피고 추운 기후와 척박한 토양에 잘 견딜 수 있는 것이었다. 멘델은 원래의 맛과 저항성을 함께 갖는 조합을 만들려고 했다. 유럽의 유명한 과실 재배자들도 이 같은 시도를 했으며 멘델도 그들을 지지하는 글을 썼다.

멘델의 식물 교배 실험에 관해서 우리가 알고 있는 마지막 정보는 사과와 배의 선택에 관한 것이다. 그가 죽기 일 년 전 고향에 보낸 서신에서 작고한 아버지의 정원에서 과실수 변종의 이식 묘목을 보내 달라고 했는데, 멘델의 아버지는 이 묘목을 교구 신부인 슈라이버에게서 얻었던 것 같다. 멘델에게서 강의를 받은 바 있는 수도원 정원사인 마레스(Mares)는 "우리의 고위 성직자는 훌륭한 정원사였지! 나는 그에게서 직접 배웠지"라고 회상했다. 멘델의 사후 이후에도 오랫동안, 그가 수도원장 재임 시에 달아 놓았던 금속 꼬리표가 달린 나무들이 수도원 정원에 남아 있었다.

멘델의 양봉 연구

나프는 모라비아 지역에 양봉 열기를 조성하기 위해 중부 유럽에서 가장 큰 양봉학회를 창립했다. 1868년 당시 퇴직한 의사인 치반스키(Zivansky, 1817~1873)가 이끌던 학회의 회원 수는 무려 1,200여 명이었다. 1870년 멘델은 이 학회에 가입하여 활발한 연구 활동을 통해 곧 명성을 얻기 시작했다. 그는 그 지역의 수도원에서는 최초로 양봉 시험장을 설치했다. 당시 그 지역에서는 생산성이 높은 외래 품종을 기르도록 권장했으나, 멘델은 경제성이 전혀 없는 것을 포함하여 많은 품종을 사육했다. 왜냐하면 멘델은 각 품종의 장단점을 유전적인 측면에서 정확히 평가하고자 했기 때문이다. 예컨대 그는 개개 품종에 대한 형태적인 특징, 분봉의 빈도[1], 밀원 여행의 소요 시간 그리고 일벌의 비행 능력 등에 관한 상세한 자료를 조사했다. 즉, 그는 완두의 교잡 실험 때 행했던 방법을 양봉에 적용해, 완두의 형태적 형질과 꿀벌의 행동 형질을 유전적 측면에서 논리적인 수준으로 다루었다. 1876년 양봉학회지는 멘델의 이러한 시도를 "멘델 신부는 인공 교배를 통해 꿀벌의 신품종 생산을 계획했다"라고 표현했다.

그러나 멘델이 극복해야 할 문제는 쌓여 있었다. 우선 원하는 수벌만을 선별하여 선택적으로 특정한 여왕벌과 교미시키는 방법을 개발해야만 했다. 이를 위해 그는 시험적으로 벌통 앞에 여왕벌을 가둔 조그만 통을 두고 수벌을 유인하고자 했으나, 이 실험은 실패로 돌아가고 말았다. 왜냐하면 꿀벌의 교미 행동은 최소한 10m 이상의 높이에서 정지하지 않고 날

---

1) 양봉에서 분봉의 빈도는 꿀의 생산성과 밀접한 관계를 갖는다. 분봉 빈도가 높을 경우 벌통의 수는 증가하지만 꿀 생산량과 월동 능력은 기하급수적으로 감소한다. 1950년 이후 꿀벌의 분봉 행동이 유전에 의해 지배된다는 것이 밝혀졌다. 따라서 멘델은 꿀벌의 행동이 유전 지배를 받을 것이라는 점을 100여 년 전에 예측한 셈이다.

멘델이 실험했던 양봉장

면서 이루어지기 때문이었다. 멘델은 교배 실험의 결과를 분석하기 위해 형태가 서로 다른 꿀벌의 품종을 길렀다. 그는 이러한 방법으로 브르노에서 사육한 사이프러스 토종벌의 수컷이 5㎞나 떨어져 있는 리스코베츠(Liskovec) 지역의 여왕벌과 교미할 수 있음을 입증했다. 그뿐만 아니라 1876년에 그는 사이프러스 토종의 여왕벌과 일반 꿀벌인 수벌 사이의 교잡종이 생식력도 우수하며 활동적[2]이라는 사실도 밝혔다. 이러한 일련의 연구는 우연의 소산이 아니라 전적으로 계획적인 교배 실험을 통해 얻어 낸 결과였다.

2) 꿀벌은 품종에 따라 부지런한 것도 있고 게으른 것도 있다. 이러한 행동도 유전 지배를 받는다.

그 후 멘델은 꿀벌의 최적 월동 조건을 알아내기 위한 연구에 모든 노력을 집중했다. 1879년, 나무로부터 브르노에, 침 없는 꿀벌속의 Trigona Lineata가 들어왔다. 이미 프랑스 양봉가들이 이 종을 사육하려고 많은 노력을 기울였으나 유럽의 기후 조건에 적응시키지 못해 실패하고 말았다. 그러나 멘델은 이를 온수 공급을 통한 난방 체계로 1879년 7월부터 이듬해 2월까지 사육하는 데 성공하여, 이 벌에 대한 많은 생물학적 정보를 얻어 냈다. 멘델은 이 결과를 두 편의 논문으로 작성하여, 그의 친구인 토마셰크(Tomaschek)와 공동으로 라이프치히〔Leipzig: 독일 중동부(구 동독)의 정치, 학문 도시〕에서 발간하는 뛰어난 동물학 잡지인 『Zoologischer Anzeiger』에, 각각 1879년과 1880년에 발표했다. 세 번째 논문은 꿀벌뿐만 아니라 기타 야생 동물의 순치[3] 연구에 관심을 갖고 있는 모스크바의 동물학회에 투고했으나 멘델이 서거한 다음 해인 1885년에 출판되었다.

1865년에 브르노에서 개최된 양봉학회에는 300여 명에 이르는 유럽의 저명한 양봉학자들이 참석했다. 그들 중에는 당시 양봉계에 명성이 높았던 슐레지엔(중부 유럽의 지방) 지역의 양봉가인 지에르존(Dzierzon)과 다테(Dathe)도 초청되었다. 수도원에서 멘델은 그들과 만나 여러 가지 문제를 토론했다. 1871년에는 킬(Kiel: 독일 북부의 항구 도시)에서 양봉학회가

---

3) 순치(Acclimatisation)는 야생 동물을 특정한 환경에 적응시키는 것이다. 보통 사육 목적으로 인위적 환경에 적응시키는 것을 일컫는다.

개최되었으며, 치반스키가 회장으로, 그리고 멘델은 부회장으로 선출되었다. 이 학회에서 치반스키 회장은 국제 양봉학회 구성을 추진하려 했으나, 불행하게도 그는 2년 후 병사하고 말았다. 양봉학회 임원단은 멘델이 회장직을 승계하도록 권했지만, 그는 회장직 수행 시 행정 및 사교 업무로 시간을 빼앗기는 것을 원치 않아 이를 거절했다. 그는 자연과학도로서 연구에만 몰두할 수 있기를 원했다.

기상학자로서의 멘델

멘델은 1854년부터 1873년까지 20여 년에 걸쳐 식물 잡종 실험에 혼신을 기울였으며 앞에서 말했듯이 생애의 마지막 부분은 양봉 연구에 헌신했다. 그뿐만 아니라 그는 1856년부터 기상학에도 관심을 기울여 왔다.

기상학의 창시자라고 할 수 있는 케플러(Kepler)는 1600년부터 1612년에 걸쳐 프라하에 상주하면서 그의 위대한 천문기상학적 발견을 이룩했다. 그의 영향에 힘입어 18세기 후엽에는 천문기상학적 관심이 케플러의 연구 연고지인 보헤미아 지방으로부터 인근 모라비아 지방까지 확산되었다. 1816년 브르노에 아네레(Aneré) 기상학회를 설립했으며, 회원들은 주변 여러 지역의 기상을 관측하여 그 결과를 출판하기 시작했다. 1849년부터는 이 학회의 활동이 농학회의 과학 분과에 이관되었으며, 1862년부터는 이를 바탕으로 독립적인 자연과학회가 설립되어 연구 사업을 수행했다. 멘델은 1846년 올렉시크

(Olexik)가 관측한 브르노 지역의 기상 자료를 1856년에 분석하게 되었다.

멘델이 오파바시의 인문 고등학교 학생이었을 때 과학 교사 중 한 사람이었던 엔스(Ens) 선생은 기상학에 관심을 갖고 이에 관한 연구 논문을 발표한 적이 있었다. 멘델이 브르노 수도원에 들어가도록 허가했던 물리학 교수 프란츠도 역시 기상학에 관심을 갖고 있었다. 수도원에서, 젊은 시절의 멘델은 테진(Tesin) 인문 학교 교사로 기상학에 관심을 갖고 있는 가브리엘(Gabriel)과도 친분을 유지하고 있었다. 이들 외에 멘델의 기상학에 대한 관심에 영향을 준 사람은 1854년 멘델이 고등학교 시절에 알고 지내던 차바드스키였다. 이미 1857년부터 멘델의 이름은 자연과학의 각 분과를 망라한 브르노의 전문가 17명의 명단에 오르게 되었다.

멘델은 1865년에 오스트리아 기상학회를 창립하는 데 주도적 역할을 한 프리치(Fritsch)와도 교분을 가졌으며, 이 학회의 창립인이 되었다. 이미 3~4년 전에 멘델은 브르노의 생물기상학적 관찰 결과를 프리치와 공동으로 발표한 바 있으며 올렉시크와도 공동 연구를 수행했고, 그 이후로는 수도원에서 독자적으로 연구를 수행했다. 그의 기상학에 관한 조예는 1862년에 이르자 자연과학회에서 1848년부터 1862년 사이 브르노 일대의 기상 관측 결과에 대해 특별 강연을 할 정도였다. 이 강연은 다음 해, 학회의 연구 논문집에 상세히 실려 출판되었다. 특히 멘델은 기상 관측 자료를 통계학적으로 처리, 분석하여 기상학에 통계학 도입의 중요성을 일깨웠다. 그 후 그는 정기적으로 모라비아의 모든 기상 관측소 자료를 분석하여 발표했다. 그는 완두의 잡종 실험 때와 마찬가지로 자료를 치밀하게 분석하여 발표했다. 예컨대 도시의 수증기 증발이 대기 온도 및 오존 함량에 미치는 영향을 분석했다. 또 수도원 우물의 수면 변화를 측정함으로써 멘델은 비교적 정밀하게 지하수면의 변화 과정을 체계적으로 조사할 수 있었다. 멘델의 가장 괄목할 만한 기상학적 업적은 1870년 10월 3일 브르노 지역을 강타했던 회오리바람의 분석 자료였다. 마치 모래시계를 연상시키는, 맞물린 두 개의 거대한 검은 원추형 회오리바람 기둥이 굉음을 내며 수도원을 스쳐 지나갔다. 멘델은 이 회오리바람의 높이를 최대 300m, 최소 230m로 추정했으며 회오리가 시계 반대 방향으로 소용돌이치는 특이한 현상을 목격했다. 왜냐하면 북반구에서 일어나는 회오리바람은 지구의 자전 방향에 따라 시계 방향으로 소용돌이치는 것이 일반적인 법칙이었기 때문이었다. 회오리의 밑면 폭은 100~200m, 전진 속도는 시속 170㎞로 추정했다. 이 회오리바람은 브르노 지역의 가옥에 심각한 피해를 입혔다. 멘델은 이 회오리바람을 분석하여, 시계 반대 방향으로 회전한 원인을 서로 반대 방향으로 전진하는 바람이 만났기 때문일 것이라고 추정했다.

위와 같은 멘델의 관찰과 분석은 자연 현상에 대한 멘델의 예리한 통찰력과 자연에 대한 정열적인 애정을 단적으로 나타내는 예이다. 회오리바람이 강타한지 불과 26일 후에 멘델은 이에 관해 17페이지 분량에 달하는 상세한 분석이 담긴 논문을 탈고했다.

멘델은 기상 관측 자료를 실용화하는 데도 관심을 기울였다. 이미 1850년 고등학교 시절의 시험 답안에 그는 대기의 물리, 화학적 특성을 기술하면서 기상 관측의 중요성을 강조했다. 아울러 그는 관측 자료의 신속한 교환을 위해 전신 체제의 이용을 제안했다. 이와 같은 멘델의 선각자적인 예지는 1870년대 후반에 들어서야 실용화되었다. 멘델은 기상 예보의 중요성을 역설했으며, 기상 자료의 과학적인 분석을 통해 기상 예보가 가능하다고 주장했다.

1870년대 초 코다니(Kodani) 지역의 기상학자들은 유럽 여러 지역의 관측 자료를 요약하여 출판하기 시작했다. 멘델은 이 자료를 근거로 기상 예보의 가능성을 타진한 논문을 1879년에 브르노에서 출판했다. 이 논문에서 멘델은 중부 유럽과 같이 기상학적으로 매우 복잡한 지역은 기상 예보를 위해 더 많은 기상대가 필요하다고 지적했다. 당시 미국에는 100곳 이상의 기상대가 있었으나, 유럽에는 20~30여 곳에 불과했다. 멘델은 될 수 있는 한 많은 관찰만이 자연 현상을 규명하는 데 가장 필수적인 요건임을 식물 잡종 실험을 통해 터득하고, 이 불변의 과학적 진리를 기상 예보에서도 강조한 셈이다.

만년에 접어들면서 멘델의 기상학에 대한 관심은 더욱 커져 인생의 마지막 해에도 기상 관측을 게을리하지 않았다. 심지어 그는 기상 예보의 정밀성을 높이고자, 비록 실패했으나 태양 흑점을 관측하기 위해 생애의 마지막 해에 망원경을 구입하기도 했다. 멘델의 기상 예보를 위한 태양 흑점 관측 기록이 이 분야에 남아 있는 세계 유일의 기록이라는 사실에, 우리는 또 한 번 멘델의 과학적 정열에 경외감을 느낀다.

멘델은 브르노 기상학회 회원으로서뿐만 아니라 빈 기상학회 회원으로서도 명성을 얻었다. 멘델은 그의 브르노 고등학교 동창생이며 절친한 학문적 동료였던 빈 대학의 기상학 교수 리츠나르(Liznar)에게 죽기 며칠 전에 마지막 편지를 보냈다. 이 편지에서 그는 심장병 때문에 다른 사람의 도움 없이는 리츠나르 교수가 개발한 기상 관측 기구의 사용 지침서를 읽지 못하겠다고 하소연했다. 그리고 리츠나르 교수에게 다음과 같은 마지막 구절을 남겼다.

"이제 현세에서는 만나지 못하게 될 운명에 처한 듯하니 이 기회를 빌려 고별인사를 하려고 하오. 부디 하느님의 가호 아래 기상학 연구를 성취하시길 비오."

공직과 연구 사이의 갈등

멘델은 가능한 한 수도원장의 책임을 다하고 있는 중에도 나중에 할 연구를 위해서 많은 책을 구입했다. 특히 천문학과 기상학에 몰두하면서 자연과학의 문헌 연구에 많은 시간을 할애했다. 그러나 수도원장의 업무를 시작한 지 오래지 않아,

연구를 위해 많은 시간을 가지는 것이 어렵다는 것을 깨닫게 되었다. 이러한 실망은 네겔리에게 보낸 편지에도 나타나 있다. 멘델은 1873년 11월 18일 자 편지에, 아끼던 조밥나물을 돌보는 데 많은 시간을 할애할 수 없었기 때문에 그것들이 말라 죽었다는 사실에 비통해하고 있다고 적었다.

멘델은 과연 다음 해에도 이 식물을 가지고 연구를 계속할 수 있을지 걱정하면서, 1870년에서 1871년 사이에 행한 실험 결과들을 네겔리에게 보냈다. 네겔리는 이 결과들에 대해 깊이 생각하고 1874년 6월 23일 답장을 보냈다. 네겔리는 그 편지에 대한 답장을 받지 못했고 멘델은 이에 대해 일언반구도 없었다.

멘델은 수도원의 운영과 재산에 대한 문제에 그의 시간 대부분을 보냈고 설상가상으로 1871년에는 정치적 문제에도 휩싸였다. 이러한 사건들의 결과는 1874년 초에 나타나기 시작했다. 1874년에 여당에 의해 조직된 합스부르크 정부는 교회 연구소에 대한 정부의 지출을 삭감하기 위해 수도원 재산에 과세되는 조세를 올리는 초안을 공포했으며, 이 입법안은 그 이듬해부터 효력을 발휘하게 되었다. 브르노 수도원은 매년 7,330길더를 징수당했다. 이에 대한 청구서가 논란이 되었을 때 교회 대표부와 보수당 이사회는 새로운 계획에 대하여 그들의 의사를 표명했지만 결국은 묵살되었다. 모든 수도원에서 그것을 받아들이는 것을 단호하게 거절했던 사람은 수도원장인 멘델뿐이었다.

멘델은 법적 근거를 연구하기 시작했고, 그 법에 대한 거부 의사를 정당화시킬 수 있는 몇 가지 방법을 발견했다. 수도회의 체코인 동료들은, 입법에는 입법회가 관계하므로 그 의원들에게 도움을 청해야 한다고 멘델에게 충고했다. 이렇게 정치적, 법적으로 복잡한 상황에서도 멘델은 변호사들의 충고를 받아들이기를 거절하고 그 법에 대한 대안을 찾으려고 노력했다. 세금 납기일이 되었을 때는 온건한 의지의 표시로 2,000 길더만 냈다. 지방 관청은 빈에 있는 중앙 관청에 멘델의 항의문을 제출했으나, 이는 받아들여지지 않았다. 마침내 1876년에 주 당국은 수도원 재산의 일부를 압류하여 세금을 강제로 징수했다. 멘델은 이러한 최악의 처사에 혐오감을 느끼고, 그 법에 대한 그의 반대 의사를 더욱 강화했다. 그의 완고한 조치에 브르노의 입법부는 당황하게 되었으며 그즈음에 아우스피츠 박사가 중재에 나섰다. 영향력 있는 정당의 일간 신문 편집자인 그는 주요 정당의 관리들과 교제하고 있었다. 이때 브르노에는 새로운 저당 은행이 세워졌으며 멘델은 부은행장 자리를 제공받았다. 1881년에 사장(은행장)인 오트(Ott) 박사가 죽자 그는 이 자리를 위임받았고 그 수입을 조카의 학비, 과학 기부금 그리고 빈민 구제에 사용했다. 그러나 교회 세법에 대한 그의 태도는 조금도 변함이 없었다. 당국에 대한 굽힐 줄 모르는 멘델의 저항은 심지어 교회 변호사들의 충고로도 흔들리지 않았다.

1882년에 그는 프라하 출신의 한 입법 전문가의 의견을 듣게 되었는데, 그 전문가는 그에게 아무런 선택권은 없지만 그 법의 조항에 대해서는 다시 생각해 볼 수 있다고 설명해 주었다. 비록 이것은 이 수도원장에게 어떠한 영향도 미치지 못했지만, 그는 생애 말기에는 의지와 상관없이 세금을 지불할 수밖에 없었다. 만약 그가 옳았다면 완두 실험처럼 밀고 나갔을 것은 의심할 여지도 없지만, 멘델은 입법을 연구하고 항의문을 쓰는 데 9년을 소비해야만 했다. 이런 모든 일 때문에 그는 지쳤고 무관심의 장벽에 부딪혀야 했다. 멘델의 건강은 쇠퇴하기 시작했고 사람들에 대한 의심은 날로 커져 심지어 그의 가장 가까운 사람들도 의심하게 되었다.

만년

수도원장의 임기 동안 멘델은 수도원을 찾아오는 많은 방문객을 만나곤 했다. 교회와 국립 연구소의 대표자들과 그가 강의했던 학교에서 온 동료들, 자연과학 연구소의 친구들, 그리고 그가 속해 있는 여러 과학 단체에서 온 사람들이 대부분이었다. 여름에는 원예 실험실이나 휴식처로 사용하는 오렌지밭이 있는 수도원의 정원에서 이들을 맞이하곤 했다. 근처에는 볼링장도 있었다. 멘델은 장기 두기를 좋아했으며, 그를 가장 자주 찾아오는 조카들을 정착시키는 새로운 문제에 대해서도 생각했다. 수도원장인 그는 문화 연구소도 후원했으나 그 도시의 문화 행사에 직접 참여하지는 않았다.

멘델이 1870년과 1871년에 자유당을 지지했을 때, 그는 용기 있는 정치적 입장 때문에 교회 관련자들의 호의를 잃기는 했지만 대중 생활에서는 친구들과 지지자들을 얻었다. 그는 당국과의 잇따른 논쟁으로 고립되었으나, 역설적으로 이 때문에 멘델은 주로 과학적 활동에만 정열을 쏟을 수 있었다. 멘델은 더 이상 식물 교배 실험과 같은 적극적인 실험을 할 수 없었지만 자신이 좋아하는 몇몇 변종들의 재배는 가능했다. 1878년에는 프랑스 종묘업자인 아이힐링(Eichling)의 방문을 받았는데, 그는 멘델의 실험이 실제로 응용될 수 있는지 알고 싶어 했다. 멘델은 그에게 완두의 열매 모양과 크기를 재형성시킬 수 있다고 말하며 완두콩밭을 그에게 보여 주었다. 아이힐링이 놀라워하며 이러한 식물 잡종의 비밀을 어떻게 알아냈느냐고 물었을 때, "이것은 단지 보잘것없는 재주지만 이것에 관련된 이야기를 하자면 너무 길고 아주 많은 시간이 걸리니 이야기할 수 없네" 하고 멘델은 대답했다. 멘델은 화제를 바꿔 잘 자라고 있는 화초와 과일이 달린 나무를 보여 주기 위해 아이힐링을 데리고 나갔다. 아이힐링은 수십 년 후인 1942년에 멘델 수도원장을 방문한 것에 대한 회상록을 발간했다. 한편 1878년, 브르노에 살고 있는 그의 고객은 완두를 재료로 한 멘델의 실험은 오락과 같은 수준이라는 견해를 나타냈다. 아이힐링은 이에 대해, 위인들은 그들의 연구 업적이 인류가 필요로 하는 매우 중요한 것임을 알고 있지만, 보통 사람은 어느 누구도 위인들이 하고 있는 일의 중요한 의미를 파악하지 못한다고 말했다.

아이힐링이 수도원을 방문할 즈음에 멘델은 주 관리들과의 세금 문제로 먹구름 속에서 시달림을 받고 있었음이 분명했다. 그의 친구인 올렉시크가 병중이었고, 수도원장은 브르노 기상대의 책임을 떠맡아야 했다. 멘델은 기상학에 관심을 쏟기 시작했다. 태양 흑점의 출현 현상에 관한 수도원장의 기록을 보면, 그는 많은 시간을 망원경 앞에서 보냈고 정성 들여 관찰 기록을 만들었다. 그러나 멘델은 점점 더 고독감을 느끼게 되었고 건강 상태는 더욱 악화되었다. 교회 세금에 대한 논쟁은 완고한 멘델을 공공 생활뿐 아니라 수도원 생활에서마저 고립시켰다.

이 당시 멘델은 자신의 응접실 천장을 직접 선택한 그림으로 장식했다. 중앙에는 성 아우구스티누스와 그의 어머니 성 모니카(St. Monica)의 초상화를 충정과 절제의 상징으로 두었다. 네 모퉁이의 주제는 그의 과학적인 관심사를 반영해 주고 있다. 한 모퉁이는 유실수를 접목하는 두 사람을 보여 주고 있는데 그 배경은 산기슭의 작은 마을로, 멘델의 출생지 근처인 브라츠네(Vrazne)임을 쉽게 알 수 있다. 그림 속의 과수원에는 슈라이버 신부가 유실수 묘판 근처에 자리하고 있었다. 두 번째 그림에는 지에르존이 고안한 이중 벌통으로 알려진 벌통이 묘사되어 있었다. 이 주제는 멘델의 연구가 기여했던 양봉의 현대화를 나타내고 있다. 세 번째 모퉁이에는 기상학에 대한 수도원장의 관심을 나타내는 망원경, 지구의, 나침반, 온도계 등이 그려져 있었다. 마지막 그림은 멘델이 농부

출신이었음을 나타내는 농경의 수호성인 성 이지도르(St. Isidor)가 무릎을 꿇고 있는 그림이었다. 이러한 주제들은 멘델이 그의 인생이라고 생각했던 연구 활동 영역을 나타내고 있다. 여기에서 멘델은 그의 자아를 발견했으며 혼란했던 시절의 피난처를, 즉 세계 안에서 또 다른 그 자신만의 세계를 구축했던 것이다.

그가 고향 친척들에게서 받은 답장을 보면, 고향에 대한 멘델의 따뜻한 감정들이 그들에게 다시 전해졌다는 것을 알 수 있다. 수도원장으로서 그는 고향에 소방서를 세우는 데 3,000길더를 기증했다. 이 소방서 건물은 지금도 남아 있으며 이곳에는 멘델의 업적이 재발견되고 나서 2년 후에 제막된 기념 액자가 걸려 있다. 멘델의 커다란 즐거움은 브르노에 있는 인문 고등학교를 졸업하고 빈에 의학을 공부하러 갔던 알로이스(Alois)와 페르디난트(Ferdinand)라는 조카들과 정기적으로 만나는 것이었다. 멘델은 그를 잊지 않고 염려하는 이 젊은 의학도들과 자신의 악화되는 건강에 대해 논의할 수 있었다. 멘델은 의사들이 담배를 피우지 말라고 경고했는데도 그의 내적 긴장을 많은 양의 담배로써 극복하려고 했다.

마침내 금욕주의적 체념으로 그는 죽음을 기다리게 되었다. 다가오는 죽음의 그림자가 그를 짓누름에 따라 그는 자신의 죽음이 가까이 왔음을 깨달았다. 그는 1884년 1월 6일, 61세의 나이로 주현절 밤에 운명했다. 의사는 그의 사인을 심장 비대가 수반된 신장염으로 기록했다. 장례식에는 교회와 주의

21ten Jänner 1872.

Gregor Mendel
Abt

Řehoř Mendel
Opat

수도원장 시절 멘델의 사인(위는 독일어, 아래는 체코어)

대표단이 참석했고, 그곳에서 멘델의 업적과 그의 인격이 칭송되었다. 입법회의 신문은 절망에 빠진 빈민들이 후원자를 잃었으며, 인류는 가장 훌륭한 인격자이자 자연과학의 성실한 동료, 또한 모범적인 목자를 잃었다고 보도했다. 그러나 가장 적합한 표현은 자연과학 연구소의 비서인 니슬이 한 말일 것이다. 그는 멘델의 죽음을 바꿀 수 없는 손실로 묘사하면서, 거의 독립적으로 수행한 그의 자연과학 연구에 대해 멘델이 독보적인 위치를 점하고 있으며 일관된 사고방식으로 여생의 대부분을 보냈다고 회상했다. 니슬은 멘델의 업적을 이해할 수는 없었으나 그 연구의 독창성은 인식하고 있었다. 다른 신문에서는 익명의 투고자가, 멘델이 얼마나 많은 연구 논문을 자연과학 연구소의 후원하에 발표했는지 지적했다. 그 기사는 식물 교잡에 대한 그의 연구를 기사 끝에 약간 삽입했을 뿐이었다. 그러나 원예학자들은 멘델의 교잡을 통한 유실수와 꽃의 새로운 변종 생산을 칭찬하는 기사에서, 그의 연구는 새로운 시대를 이룩했고 결코 잊을 수 없는 것이라고 높이 평가했다.

수도원 생활에서 얻은 기회를 최대한 활용하면서 멘델은 자연과학 연구와 진리 탐구에 열중했다. 멘델의 인생은 결코 평탄치만은 않았다. 차기 수도원장인 바리나(Barina)는 그가

멘델 서거 100주년(1984) 기념우표

죽기 바로 전에 다음과 같이 지난날을 회상하는 것을 들었다.

"비록 얼마간의 괴로운 순간도 있었으나 내 인생의 대부분은 즐겁고 훌륭한 것이었다. 나는 이를 하느님의 이름으로 감사하게 받아들인다. 나의 과학 연구는 나에게 커다란 즐거움을 가져다주었다. 비록 나의 업적이 현재로서는 세상에 인식되지 않고 있으나 머지않아 전 세계에 그 가치가 알려지리라 확신한다."

6
멘델 법칙의 재발견

멘델이 완두 교잡에 관한 논문을 발표한지 100주년이 되는 1965년까지도 사람들은 멘델의 논문이 19세기 말까지 불과 몇 명의 학자들에 의해서만 인용되었을 뿐, 거의 세상에 알려지지 않은 채 그늘에 묻혀 있었다고 생각했으나 사실은 그렇지 않다. 이미 1867년부터 많은 식물학자들이 그의 업적을 자주 인용했다.

1869년 독일의 식물학자 호프만(Hoffmann)은 그의 저서에서 멘델의 연구에 관해 많은 관심을 표명했으며, 그는 멘델이 서로 다른 형질을 가진 식물 사이에서 잡종을 얻었고 이 잡종은 세대를 거치면서 다시 "양친의 형질로 되돌아가는 경향이 있다"라고 기록했다. 독일의 식물학자 포케(Focke)는 호프만의 연구 논문을 통해 멘델의 연구에 관심을 갖고 그의 1881년 논문에서 멘델이 연구한 완두, 새팥, 조밥나물 등의 잡종 실험을 인용하고 있다. 포케는 완두 실험이 나이트의 실험 결과와 거의 동일하다고 주장했으며, 또한 어떻게 멘델이 여러 잡종 실험을 통해 이들이 일정한 비율로 나타난다고 믿게 되었는가에 대해서도 언급하고 있다. 다윈은 포케의 논문을 갖고 있었으나 멘델의 연구 내용을 알지 못한 채 로마네스(Romanes)에게 이 논문을 빌려주었고, 로마네스는 대영 백과사전에 멘델의 업적을 소개했다.

블롬베르크(Blomberg)는 1872년 식물 잡종에 관한 그의 학위 논문에서 역시 멘델의 논문을 인용하고 있다. 그는 잡종 개체의 각 형질들이 어떻게 분리되는가에 대한 멘델의 설명을 언급하는 한편, 잡종 개체들이 때로는 일정한 형질을 그대로 유지할 수 있다는 멘델의 의견에 대해 반대 의견도 제시했다. 2년 후 성 페테르부르크(St. Petersburg)에 있는 쉬말가우젠(Shmalgausen)은 식물 잡종에 대한 학위 논문에서 잡종 개체들의 형질 분석에 대한 멘델의 수리적 해석을 언급했다. 이와 같이 멘델의 논문 두 편은 이미 식물학 관련 문헌에 많이 인용되었으며, 1879년 영국에서 발간한 과학 문헌 목록에 수록되기도 했다. 미국에서는 1890년 베일리(Bailey)가 식물의 교배와 선택에 관한 그의 논문에서 멘델의 논문 두 편을 인용한 바 있다. 이와 같은 일련의 연구는 19세기 말엽 많은 연구자들에게 식물의 잡종 연구에 관한 깊은 관심을 불러일으켰고 이에 따라 멘델의 논문도 자주 인용되었다.

따라서 1900년까지 멘델의 업적이 완전히 무관심 속에 묻혀 있었던 것은 아니다. 분류학이나 진화학의 입장에서 식물 잡종을 연구하던 일부 식물학자들도 멘델의 논문을 인용했는데 과연 이들이 멘델의 논문을 실제로 읽어 보고 인용했는지는 확실하지 않다. 멘델의 업적을 가장 잘 이해할 수 있었던 당시의 학자는 네겔리였다고 여겨진다. 그는 멘델로부터 논문 별쇄[1)]뿐 아니라 다른 식물을 재료로 연구한 결과에 대해서도 10통의 편지를 통해 자세히 전해 받았기 때문이다. 호프만과 포케가 멘델의 논문을 소개함으로써 블롬베르크와 쉬말가우젠으로 하여금 완두에 관한 논문을 검토하도록 했고, 그들은 멘델의 방법론적인 혁신에 관심을 갖게 되었다. 그러나 이들이 표한 관심은 세상에 알려지지 않은 채 지나갔으며 1900년까지 멘델의 위대한 업적은 인정받지 못했다. 멘델의 논문이 인정받지 못한 이유 중 하나는 당시 과학계에 그의 이름이 별로 알려져 있지 않았기 때문이다. 또 다른 이유로는 그가 1871년에 발표한 두 번째 논문인 조밥나물의 연구 결과가 첫 번째 논문인 완두 연구에서 정립한 학설을 확실하게 재확인시키지 못한 점을 들 수 있다.

수도원장이 된 후로는 시간과 정력의 분산으로 그는 연구를 더 이상 계속할 수 없었다. 그는 이 같은 여건을 곧 감지했고 이 때문에 조밥나물의 연구에서 얻은 초기 결과만을 서둘러 발표하게 되었다. 여기서 얻은 자세한 내용들을 멘델은 네겔리에게 서신으로 알려 주었는데, 이 유명한 식물학자는 멘델의 연구에 깊은 관심은 갖고 있었지만 그 연구의 참뜻을 이해할 능력은 없었다. 멘델은 난처한 입장에 처하게 되었다. 그가 물리학과 박물학을 가르칠 때는 여러 가지 의문점에 대하여 동료들과 최소한 토론이라도 할 수 있었으나, 수도원장이 된 후에는 자연과학자들과 정기적으로 접촉할 기회가 없었던 것이다. 이런 입장에서도 멘델은 1870년 제한된 여건에서나마 연구를 계속했고, 1873년에 그가 얻은 새로운 실험 결과들을 네겔리에

1) 학술 논문집에 실린 개개의 논문을 저자별로 분책할 수 있도록 별도로 인쇄한 것. 자연과학자들은 이를 서로 교환하여 정보를 넓힌다.

게 보냈다. 만일 이 결과를 논문으로 발표했더라면 조밥나물 논문보다 훨씬 더 독자들을 매료했을지도 모른다. 그러나 1873년과 1875년 2회에 걸쳐서 네겔리가 멘델에게 보낸 찬사의 편지에 대해 그는 끝내 회신을 보내지 못했다. 이때가 멘델의 생애에서 가장 큰 변화의 시기였다.

멘델은 업무 시간 이외의 여가 시간을 이용해서 연구 생활을 했고, 그의 연구는 오로지 과학에 대한 애정에서 비롯되었다는 점을 우리는 마음속 깊이 인식해야 한다. 그는 동료 과학자도 없이 혼자였으며 학자로서 그의 연구를 이어받을 제자 또한 없었다. 브르노에는 여러 명의 자연과학자 친구들이 있었고 식물 잡종에 대해 관심을 가진 친구들도 있었으나, 이들 중 어느 누구도 멘델식 실험을 할 만한 실험용 정원이나 온실을 구비한 사람은 없었다. 그뿐만 아니라 그들은 연구할 시간도 없었고 가장 중요한, 멘델이 갖고 있는 것과 같은 비범한 학문적 동기도 없었다. 19세기 말엽 분류와 진화학적 관점에서 잡종에 관한 관심을 갖고 멘델의 논문을 연구했던 학자들 중에서 멘델만큼 자연과학에 대한 폭넓은 지식을 지녔던 사람은 드물었다. 따라서 멘델이 완두 연구에서 보여 준 연구 방법의 창의성, 결과의 해석 등에 대해 이해하지 못했다. 다만 그의 연구 일부분만을 이해했을 뿐이었다.

19세기 후반에 이르러 유전 현상에 관한 연구는 다윈의 적자생존에 의한 선택 이론에 편승하여 새로운 관심의 대상이 되었고 후에는 세포학의 발전에 힘입어 활기를 띠게 되었다. 다윈은 1868년 저술한 『가축화에 따른 동식물의 변이』라는 책에서 형질의 유전에 대해 언급했다. 그는 유전이란 신체 모든 부위에서 생식 세포에 집결된 'Gemmnule'이라는 독특한 단위가 다음 대에 전달되는 것이라고 가정하고 'Pangenesis'라는 가설을 세웠다. 이 가설은 자연과학자들을 자극하여 유전의 결정인자를 연구하게 만들었다. 네겔리는 이 가설에 준하여 1884년 발생에 관한 기계론적, 생리학적 이론에 관한 논문을 발표했다. 그는 이 논문에서 'Idioplasm'이라는 개념을 새로 제안하고 세포 내에는 생식과 성장에 관여하는 부분이 각각 분리되어 있다고 가정했다. 그는 식물의 형질은 세포 내에 있는 독특한 분자 수준의 구성단위에 의해 결정된다고 하며 이 구성단위를 멘델과 같이 독일어로 'Anlage'라고 불렀다. 네겔리는 우성 및 열성 형질에 관해서도 멘델의 연구에 대한 언급 없이 기술하고 있다. 세포 내에 있는 Idioplasm이 유전 물질이라고 가정한 네겔리는 그 시대 학자들의 사고방식에 큰 영향을 미쳤다.

독일의 동물학자 바이스만(Weismann)은 생식질의 불변성(Constancy of Germplasm)이라는 그의 가설에 Idioplasm 개념을 도입하고 네겔리의 이론을 좀 더 발전시켜서, 이 생식질이 곧 유전의 본체일 것이라고 가정했다. 네덜란드의 식물학자인 더프리스(de Vries, 1848~1935)는 다윈의 Pangenesis설을 더 발전시켜서 모든 형질의 유전은 세포의 핵에 들어 있는 Pangenes라는 구성단위에 의해 이루어진다고 믿고, 이를 증명하기 위해 1892년에서 1896년에 걸쳐 형질이 서로 다른 식물을 대상으로 잡종 실험을 행했다. 그 결과 이들 형질이 3:1의 비율로 분리되는 것을 발견했다. 그는 1899년 이 결과의 일부를 발표하고, 종합적인 논문은 1900년에 발표했다. 이 논문에서 그는 그 당시까지 알려져 있던 분리의 법칙을 재정립하고 이를 멘델의 업적으로 돌렸다. 이것이 유명한 멘델 법칙의 재발견이다.

드 프리스의 논문은 튀빙겐(Tübingen: 독일 중부의 학문 도시)의 코렌스(Correns, 1864~1935)가 연구한 식물 잡종에 대한 결과를 서둘러 발표하게 된 동기가 되었다. 그는 종자의 색깔을 지배하는 화분의 효과에 대해 연구를 하고 있었다. 그는 논문의 제목에 멘델의 법칙을 언급하고 결론 부분에서는 우성과 분리에 대한 법칙을 정리했다. 오스트리아 식물학자 체르마크(Tschermak, 1871~1962)는 더프리스와 코렌스가 발표한 잡지에 멘델의 법칙에 관련된 세 번째 논문으로 완두콩의 인공 교배 실험 결과를 1900년에 발표했다. 그 역시 더프리스와 코렌스의 논문에 자극을 받아 잡종 실험 결과를 서둘러 발표하게 된 것이다. 체르마크는 잡종 실험 결과 제1대 잡종은 다음 대에 3:1로 분리되는 것을 발견했다. 이 결과는 멘델의 것과 일치하는 것이라고 논문 끝부분에 언급했다. 이로써 세 명의 유전학자에 의해 멘델의 불후의 업적은 거의 동시에 재발견되었다.

이때를 전후하여 영국 케임브리지(Cambridge) 대학의 생물학 교수인 베이트슨(1861~1926)도 멘델의 논문에 주목하게 되었다. 그는 다윈의 이론인 동식물의 형질이 연속적으로 변한다는 학설에 영향을 받아, 변이와 유전 그리고 진화 현상들과 관련된 식물의 잡종에 관한 연구를 하고 있었다. 1899년 베이트슨은 식물 잡종에 대한 그의 출판된 강의록에서 잡종 실험의 한 방법으로 통계학이 필요하다는 점을 들면서 특히 양친의 형질과 이들 사이에서 생기는 잡종, 또 이들 잡종의 다음 대에 나타나는 유전 현상 등을 연구하는 데는 통계학이 매우 유용하다고 강조했다. 1900년 베이트슨은 더프리스의 논문을 통해 멘

멘델 법칙의 재발견자 중 하나인 코렌스를 기리기 위해 명명한 독일 튀빙겐의 코렌스 거리(한양대학교 생물학과 박은호 교수 촬영)

델의 연구 방법에 큰 관심을 갖게 되었고, 그가 이미 연구했던 가금의 유전 현상에 대한 연구 결과를 멘델식 방법으로 다시 분석했다. 이로 인해 그는 유전이라는 새로운 학문 분야에서 가장 두드러진 선구자 중 한 사람이 되었다.

이와 같은 이유로 1900년은 더프리스, 코렌스 그리고 체르마크에 의해 '멘델 법칙이 재발견된 해'로 알려지게 된 것이다. 위에서 언급한 내용으로 미루어 볼 때 더프리스나 코렌스 등은 연구에 착수하기 전에 이미 멘델의 완두 연구에 대해 충분히 알고 있었으리라 추측된다. 따라서 그들은 실험 계획이나 연구 결과에 대한 설명도 멘델의 결론과 일치되는 방향으로 전개했던 것이다. 멘델 법칙의 재발견에 공헌한 이 세 사람 중에서 체르마크는 멘델의 유전 법칙에 대하여 그 핵심을 확실하게 파악하지는 못한 듯하지만, 반면에 멘델 법칙을 식물 재배에 실제로 응용했다는 점에서 그 공이 크게 인정된다.

19세기 말엽 다윈의 진화론이 생물학에 크게 영향을 미치게 되고 세포학이 발전하여 세포 분열이나 수정 과정에서 핵 내에 들어 있는 염색체가 어떻게 작용하는지 밝혀짐에 따라, 독일 뷔르츠부르크(Würzburg) 대학 동물학 교수인 보베리(Boveri, 1862~1915)는 염색체와 유전 사이에 밀접한 관계가 있을 것이라고 추측했다. 1896년 미국 컬럼비아(Columbia) 대학의 세포학자 윌슨(Wilson, 1856~1939)은 이 점을 한층 더 강조한 바 있으나 만인의 공감을 얻기에는 아직 때가 일렀다. 1903년에 와서야 비로소 세포학의 발전에 힘입어 멘델의 법칙을 좀 더 깊이 있게 연구하게 되었고 이에 따라 염색체와 유전 현상을 결부시키게 되었다.

멘델의 논문에 대한 관심이 고조되면서 유전에 관한 문제를 연구하는 생물학자들의 수가 늘어나기 시작했다. 그들은 멘델이 연구한 방법을 그대로 이용하여 교배 실험을 했고, 이때 사용한 유전 부호나 통계 처리 방법 등도 멘델식을 그대로 따랐다. 멘델의 논문이 외국어로 번역되어 여러 나라에 알려지게 됨에 따라 이 분야의 연구는 한층 더 활기를 띠게 되었다. 모든 과학 분야의 발전과 더불어 생물학 분야의 연구도 그만큼 쉬워졌으며, 드디어 동물과 식물의 유전뿐만 아니라 인간 자신과 미세한 미생물의 유전 연구로까지 이어지게 되었다.

그러나 과학의 발전 과정에서 흔히 볼 수 있는 현상의 하나로서, 멘델의 유전 법칙을 수용하게 됨에 따른 새로운 문제점들이 제시되었다. 즉, 실제로 멘델의 유전 법칙이 학문에 얼마만큼의 발전을 가져왔는가에 대한 인식 부족, 그리고 새로 탄생한 유전학과 기존의 진화론을 어떻게 합리적으로 연결시킬 것인가에 대한 난점, 그 밖에 여러 생물학 분야와의 관계를 명

1910년 브르노에 세워진 멘델의 동상

확히 정립하는 등의 문제점이 제기되었다. 베이트슨은 다윈이 주장한 연속적 변이에 대하여 정면으로 부정하고 멘델의 학설을 옹호하는 데 앞장섰다. 베이트슨의 주장에 대한 찬반 논쟁은 영국에서 처음 시작되어 여러 나라로 번져갔다. 진화 과정에서 연속적 변이가 절대적으로 옳다고 주장하는 학파들은 멘델의 이론에 대한 일반적인 정당성을 전적으로 부정했고, 멘델의 이론을 반박하는 이유로 형질 변이에 대한 통계적 방법을 들었다. 특히 정량성[2])을 갖는 형질들의 유전 현상은 멘델의 학설로는 전혀 설명이 되지 않는다고들 했다.

유전 법칙의 재발견 직후 더프리스는 돌연변이설을 내세우고 새로운 형질이 돌연히 출현하는 현상을 설명하면서 이 같은 돌연변이에 의하여 신종이 형성될 것이라고 가정했다. 이것은 새로운 논쟁을 불러일으켰다. 곧 알게 된 사실은, 모든 형질의 유전 현상이 1865년 멘델이 제창한 것처럼 하나의 유전적 구성 단위(1909년 이후 유전자라 부름)에 의해 지배되는 것이 아니고, 어떤 형질은 여러 개의 유전자에 의해 지배된다는 사실이었다. 난점은 진화론자와 유전학자들이 이 돌연변이설을 어떻게 설명할 수 있는가 하는 문제였으나 결국 1920년대에 들어 비로소 유전학과 진화학이 서로 조화를 이루게 되었고, 다윈과 멘델 중 누가 옳고 그른지에 대한 논쟁에 종지부를 찍었다. 두 학설의 합성이라고 알려진 이 과정을 거친 후에 멘델 법칙은 생물학계에 생물체의 근본 요소, 생물체의 기원 및 진화 과정에 관여된 모든 유전 현상의 문제들을 연구할 수 있는 길을 열어 놓았다.

유전과 진화의 결합이 있게 한 공로자이기도 한 케임브리지 대학의 통계학자인 피셔(Fisher) 교수는 1936년 멘델의 완두 실험을 분석했다. 그는 우선 멘델의 실험을 각 실험마다 별도로 분석하여 얻은 결과를 검토했는데, 통계학적 관점에서 볼

---

2) 사람의 키, 피부색과 같이 여러 유전자의 지배로 발현하는 형질을 말한다. 이 형질도 근본적으로는 멘델 법칙에 따라 유전한다.

때 너무나 정확해서 멘델의 실험이 사실이 아닐지도 모른다는 결론을 내렸다. 피셔는 멘델이 실험을 시작하기 전에 이미 형질의 이론적 분리비를 알고 있었고, 멘델의 조수들이 실험 자료를 이론치에 맞추기 위해 조작했을 가능성이 있다고 추정했다. 또 어떤 사람들은 멘델 자신이 자료를 이론에 맞도록 조작했을 것이라고도 했다. 그러나 1966년 생물통계학자인 바일링(Weiling)은 피셔의 가정, 즉 멘델이 순계의 완두로부터 10개의 종자를 얻고 여기서 10포기의 식물을 얻었다는 가정에 오류가 있음을 제시했다. 식물의 종자가 발아할 확률을 계산에 넣어야 하기 때문에 바일링은 발아율을 90%로 가정하고 멘델의 결과가 나올 확률을 다시 계산했다. 그 결과 1900년 이후 여러 학자에 의해 수행된 유사한 실험의 결과들과 일치함을 확인했다. 이것은 멘델의 실험 결과와 논문에 대한 마지막 의혹을 씻어주는 계기가 되었다.

세포학의 대두는 20세기 유전학의 발달에 큰 영향을 미쳤다. 1903년 미국의 세포학자 서턴(Sutton, 1876~1916)은 유전 현상을 이해하기 위해서는 염색체 연구가 수행되어야 한다고 주장한 바 있다. 이는 미국의 유전학자 모건(Morgan, 1877~1945) 학파로 하여금 유전에 대한 염색체설을[3] 낳게 했고 노랑초파리를 새로운 실험 재료로 등장하게 했다. 염색체에 존재하는 유전자의 위치를 밝힘으로써 염색체 지도를 작성하게 되었고, 모건 학파의 한 사람인 멀러(Muller, 1890~1967)는 1927년 X선을 이용하여 인공 돌연변이를 유발시키는 방법을 개발함으로

3) 모건은 1933년 이 업적으로 유전학자로서는 최초로 노벨 생리의학상을 수상했다.

써[4] 유전학 연구에 새로운 이정표를 세웠다.

제2차 세계 대전 이후 생화학자와 생물물리학자도 유전학 연구에 가담했다. 멘델은 유전자의 존재를 입증했을 뿐이었으나, 1910년 이후에는 유전자가 어떤 특이한 효소로 구성되었거나 아니면 효소를 생산하는 물질일 것이라고 추정하게 되었다. 그러나 유전학자들이 유전자의 화학적 본질을 규명할 위치까지 오기에는 많은 세월이 걸렸다. 1944년 물리학자 슈뢰딩거(Schrödinger)는 유전학 및 생리학의 도움과 생화학의 발달로 이룩한 지식을 토대로 물리학적 방법을 사용한다면 유전자의 본질 규명이 가능할 것이라고 확신했다. 곧 유전자의 본체가 핵산임이 밝혀졌는데, 핵산은 비록 그 기능은 알려지지 않았으나 19세기 말 스위스의 화학자 미셰르(Miescher, 1844~1895)에 의해 이미 발견된 것이다. 1895년 프라하 대학의 총장이던 후페르트(Huppert)는 핵산이 유전의 전달체라고 말한 바 있었지만 이를 증명할 수는 없었다. 그러나 1946년 미국 록펠러(Rockefeller) 연구소의 연구원이었던 에이버리(Avery, 1877~1955) 등에 의하여 핵산이 유전자의 본체임이 입증되었다. 1953년 왓슨(Watson)과 크릭(Crick)에 의해 이중나선으로 된 DNA의 화학적 구조가 밝혀짐으로써 유전자의 수수께끼는 풀리게 되었다. 그 후 유전암호가 해독되었고, 유전자에 관한 연구는 드디어 분자유전학이 탄생하는 수준에까지 이르게 되었다. 실험 재료로는 뉴로스포라(Neurospora)[5] 박테리아, 바이러스 등이 등장하게 되었다. 세포학은 세포생물학으로 눈부시게 발전했고 유전학에 힘입어

---

4) 멀러는 이 업적으로 1946년 노벨 생리의학상을 수상했다.
5) 곰팡이의 일종으로 유전학 실험에 많이 이용한다.

멘델 기념관의 개관에 맞추어
1965년에 보수한 멘델의 실험 정원

분자생물학이 새로이 등장하게 되었다.

1965년 이후 유전학의 발전은 가속되어 오늘날에는 유전 물질을 세포와 분자 수준에서 인위적으로 조작할 수 있게 되었고 (유전공학) 새로운 유전학적 방법은 유기물의 합성, 의약품의 생산, 품종 개량 등 그 밖의 여러 분야에 기틀과 새로운 출구를 마련해 주었다. 이 모든 것이 유전자의 발견[6]에 뿌리를 두고 있으나, 유전자를 발견한 멘델에 대해서는 최근에 와서야 비로소 그가 어떤 환경 속에서 어떻게 그 위업을 달성하게 되었는지 유전학자들이 새삼 인식하기 시작하게 된 것이다.

1932년 모건은 유전학 발전에 기여한 멘델의 업적에 대하여 다음과 같이 평한 바 있다. 그는 당시 멘델의 주변 상황을 잘

6) 멘델 법칙은 다윈의 진화론, 왓슨과 크릭의 DNA 구조 발견과 함께 생물학의 3대 발견으로 평가된다.

알고 있지는 못했어도 결론에서 "그럼에도 천재적인 사제의 업적은 단순한 우연의 결과가 아니다. 이 천재가 그의 연구를 완벽하게 해낼 수 있었던 것은 지난 100여 년간 누적된 과학적 발전의 배경 때문일 것이다"라고 했다. 현대 유전학이 발전하면 할수록 겸손한 모라비아의 자연과학도였던 멘델의 업적에 더욱 경외심을 느끼며 찬사를 보내게 된다. 그의 이름은 유전학의 태동뿐만 아니라 그 발전과 불가분의 관계를 맺고 모든 생물학도에게 영원히 기억될 것이다.

7
멘델에 관하여 더 자세히 알고 싶은 사람들을 위하여

멘델은 1863년에서 1871년 사이에 기상학에 관한 9편의 논문과 식물의 잡종 교배에 관한 2편의 논문을 브르노 자연과학 협회지에 발표했다. 1900년 이후 이들 논문 중 완두콩에 관한 논문은 독일어 원문 그대로 혹은 그 밖의 다른 15개 국어로 번역되어 계속 출판되었다. 잡종 교배에 관한 가장 최근의 영역판은 1965년 베넷(Bennett)이 번역한 『식물의 잡종 교배 실험』이라는 제목의 책이다. 1966년 Stern Sherwood New York의 미국 철학회의 후원으로, 『유전학의 기원』이라는 제목의 개정 영역판을 내놓았다(본서에서 인용한 멘델의 논문은 이 영역판에 의거한 것이다). 1966년 이후부터 체코 공화국의 브르노에 있는 모라비아 박물관은 멘델과 그의 연구 활동에 관한 자세한 내용을 〈Folia Mendeliana〉 시리즈로 발행하고 있다.

I. 멘델의 미발표 연구 업적

C. Correns, 「Gregor Mendels Briefe an Carl Nägeli, 1866~1873」, 「Abhandlungen der mathematischphysikalischen Klasse der königlichsächsischen Gesellschaft der Wissenschaften」(멘델의 서한집, 작센 왕립학회의 수리물리학 부문 논문집)(29: 189~265, 1905). 영역판으로는 C. Stem과 E. R. Sherwood의 『유전학의 기원』(Freeman 출판사)이라는 책에 수록되어 있다.

II. 멘델의 연구 논문들(연대순)

〔VnV=Verhandlungen des naturforschenden Vereins (Proceedings of the Natural Science Society), Brno에서 출간되었음〕

1853 「Ueber Verwüstung am Gartenrettich durch Raupen(Botys margaritalis)」(유충에 의한 무의 피해에 관한 논문), Verhandlungen Zool. Bot. Vereins, Vienna, 3, 116~118.

1854 「Bridf Mendels an Dir. Kollar über Bruchus pisi」(멘델의 서한집), Verhandlungen Zool. Bot. Vereins, Vienna, 4, 100~102.

1863 「Bemerkungen zu der graphisch-tabellarischen Ueber-sicht der meteorologischen Verhaltnisse von Brunn」(기상 관계에 관한 소고), VnV, I, 246~ 249.

1864 「Meteorologische Beobachtungen aus Mähren und Schlesien für das Jahr 1863」(기상 관계에 관한 소고), VnV 2, 99~121.

1865 「Meteoroioischen Beobbachtungen aus Mähren und Schlesien für das Jahr 1864」(기상 관계에 관한 소고), VnV, 3, 209~220.

1866 「Versuche über Pflanzen-Hybriden」(식물 잡종에 관한 연구), VnV, 4, 3~47.

1866 「Meteorologische Beobachtungen aus Mähren und Schlesien fur das Jahr 1865」(기상 관계에 관한 소고), VnV, 4, 318~330.

1867 「Meteorologische Beobachtungen aus Mähren und Schlesien fur das Jahr 1866」(기상 관계에 관한 소고), VnV, 5, 160~172.

1870 「Ueber einige aus künstlicher Befruchtung gewonnenen Hiera-cium-Bastarde」(인공으로 재배하여 얻은 잡종 식물에 관한 연구), VnV, 8, 26~31.

1870 「Meteorologische Beobachtungen aus Mähren und Schlesien fur das Jahr 1869」(기상 관계에 관한 소고), VnV, 8, 131~143.

1871 「Die Windhose vom 13. Oktober 1870」(돌풍에 관한 연구), VnV, 9, 229~246.

1877 「Die Bedeutung der Wetterprognosen für Landwirthe」(일기 예보가 농민에게 주는 의미에 관한 소고), Mittheilungen der k. k. Mährische-Schlesischen Gesellschaft zur Beförderung des Ackerbaues der Natur-und der Landeskunde, p. 385.

1879 「Die Grundlage der Wetterprognosen」(일기 예보의 원리에 관한 소고), Mittheilungen der k. k. Mährisch-Schlesischen Gesellschaft zur Beförderung des Ackerbaues, der Natur und der Landeskunde, pp. 29~31.

Ⅲ. 외국에서 출판한 멘델에 관한 전기물

1924년, Iltis 저, 『그레고어 요한 멘델: 그의 삶과 활동과 영향』, J. Springer사, Berlin에서 출판. 최초이자 가장 방대한 내용을 담고 있는 전기로서, 멘델의 내력, 출생지와 교육에 관한 것들을 기술하고 있으며, 멘델의 식물 잡종 교배에 관한 연구와 양봉, 원예학, 기상학에 관한 관심 그리고 수도원장으로서 그의 위치에 대해 자세히 쓰고 있다.

1932년, 『멘델의 생애』, Norton사, New York(Iltis 저의 영역판)에서 출판, 제2 영역판으로는 Hafner사에서 1966년 발행한 것이 있다.

1943년, Richter 저, 『멘델은 누구인가?』, 〈VnV, 74, Ⅱ. 1~262〉, 멘델의 생애와 과학적 업적에 관한 새로운 사항을 첨가. 여기서 멘델은 신앙심이 깊은 사람으로, 그리고 다윈에 대한 반대자로 묘사하고 있다.

1959년, Sootin 저, 『그레고어 멘델. 유전학의 아버지』, Vanguard사, New York에서 출판. Iltis의 원고를 토대로 하여 쓰인 멘델의 생애와 연구 활동에 관한 책자이다.

1965년, Křížených 저, 『그레고어 요한 멘델 1822~1884, 그의 활동과 삶에 관한 기록』, J. Ambrosius Barth사, Leipzig에서 출판. 멘델의 생애와 연구 활동을 다룬 독일어 기록. 각각의 기록에는 짧은 주석이 붙어 있다.

1966년, Olby 저, 『멘델리즘의 기원』, Constable, London, 2판 Schocken Books사, New York에서 출판,

1967년. 식물의 잡종 교배와 수정에 관한 연구에서 차지하는 멘델의 선각자적 위치에 관심을 두고 묘사하고 있다.

1975년, George 저, 『그레고어 멘델과 유전』, Priory사, London에서 출판. 일련의 삽화가 첨가되었고 널리 보급된 멘델의 일대기이다.

1966년 브르노에 있는 모라비아 박물관은, 멘델의 생애와 연구 활동에 관한 새로운 사실들을 〈Folia Mendeliana〉 시리즈로(대부분 영어로) 매년 발행하고 있다. 영어로 된 저작 이외에 독일어, 일본어, 러시아어, 그 밖의 다른 언어로 멘델에 관한 책들도 출판되고 있다. 이 책들은 Iltis의 원고와 위에서 언급한 출처에 기초를 두고 있다.

1910년 멘델 동상의 건립에 맞추어 성 토마스 수도원에 새긴 멘델의 동판